SÉRIE A, N° 38.
N° D'ORDRE
444

THÈSES

PRÉSENTÉES

A LA FACULTÉ DES SCIENCES DE PARIS

POUR OBTENIR

LE GRADE DE DOCTEUR ÈS SCIENCES NATURELLES

PAR

ÉT. JOURDAN

Docteur en médecine,
Élève de l'École des hautes Études (section des Sciences naturelles, laboratoire de Zoologie de la Faculté des Sciences de Marseille).

1re THÈSE. — RECHERCHES ZOOLOGIQUES ET HISTOLOGIQUES SUR LES ZOANTHAIRES DU GOLFE DE MARSEILLE.

2e THÈSE. — PROPOSITIONS DONNÉES PAR LA FACULTÉ.

Soutenues le juillet 1880 devant la commission d'examen

MM. MILNE EDWARDS, *Président.*
DUCHARTRE, } *Examinateurs.*
HÉBERT,

PARIS
G. MASSON, ÉDITEUR
LIBRAIRE DE L'ACADÉMIE DE MÉDECINE
Boulevard Saint Germain, en face de l'École de médecine
1880

RECHERCHES ZOOLOGIQUES ET HISTOLOGIQUES

SUR

LES ZOANTHAIRES DU GOLFE DE MARSEILLE

Par Étienne JOURDAN,

Docteur en médecine.

INTRODUCTION.

Ces recherches ont été faites au laboratoire de Zoologie de la Faculté des sciences de Marseille, dirigé par notre excellent maître, M. le professeur Marion.

Les moyens d'étude que ce laboratoire possède nous ont permis d'entreprendre les observations dont nous allons exposer les résultats.

Notre travail se divise de lui-même en trois parties.

Après quelques mots sur les études de nos prédécesseurs et sur la distribution des Actinies de nos côtes, nous étudierons, dans un premier chapitre, la zoologie descriptive et systématique de nos principaux Zoanthaires malacodermés et sclérodermés.

Les espèces que nous citons donneront sans doute une idée suffisante de la faune des Zoanthaires de nos régions : nous regrettons vivement que le temps ne nous laisse pas poursuivre ces recherches pendant plusieurs années, la liste serait peut-être plus complète ; mais on nous permettra de ne pas la considérer comme close.

Dans la deuxième partie de notre travail, nous étudierons aussi attentivement que possible, et avec les moyens que la technique histologique met aujourd'hui à la disposition des naturalistes, les tissus des genres remarquables par quelques particularités anatomiques.

Nous réunirons dans une troisième partie le résultat de nos recherches embryogéniques. Nous aurions voulu observer toutes les phases du développement, mais on sait avec quelle facilité les premiers phénomènes de la segmentation des Cœlentérés échappent aux observateurs.

Nous nous proposons de reprendre plus tard ces études embryogéniques, et nous nous efforcerons de les compléter.

Nous terminerons enfin ce premier mémoire en résumant le résultat de nos observations et en indiquant les particularités histologiques les plus importantes.

Nous nous sommes attaché, dans nos dessins histologiques, à reproduire aussi exactement que possible, à l'aide de la chambre claire, les éléments que nous observions.

L'exécution de nos deux premières planches est due à notre excellent ami M. Penot, qui a su reproduire avec talent et vérité les caractères des espèces qui nous ont paru les plus intéressantes. Nous ne pouvons aussi oublier l'empressement avec lequel notre excellent ami M. Riestch s'est mis à notre disposition pour nous faire connaître les travaux des naturalistes allemands; nous le remercions vivement de son précieux concours.

HISTORIQUE.

Nous ne pourrions présenter une analyse complète de tous les travaux auxquels ont donné lieu les Zoanthaires, sans nous exposer à des longueurs inutiles. Nous ne ferons que citer les mémoires des anciens naturalistes, pour insister davantage sur les recherches des auteurs récents.

Des deux ordres qui constituent la classe des Coralliaires, l'un, celui des Alcyonaires, a été l'objet de longues hésitations, la véritable nature de ces êtres ayant été méconnue jusqu'à une époque relativement récente; tandis que l'autre, celui des Zoanthaires, était rangé dès la plus haute antiquité dans le Règne animal.

Aristote a mentionné les Zoanthaires parmi ses *Ακαληφαι*. Rondelet s'en est occupé et les a distingués des Méduses, à côté desquelles il les a placés. Plus tard Réaumur (1) et d'autres

(1) Réaumur, *Mémoires de l'Académie royale des sciences*, 1710, p. 466-478.

naturalistes les ont observés et en ont décrit plusieurs espèces. Enfin, Dicquemare s'est livré sur ces animaux, qu'il a nommés Anémones de mer, à des observations intéressantes encore de nos jours.

Mais tous ces naturalistes ont laissé de côté l'anatomie des êtres qu'ils étudiaient. Spix (1), en 1809, est le premier qui ait essayé de pénétrer leur structure : il crut reconnaître chez les Actinies un véritable système nerveux formé par des ganglions et des plexus; ces organes n'ont été retrouvés par personne, et il est permis de mettre fortement en doute les opinions de cet auteur.

Delle Chiaje (2), dans ses mémoires sur les Invertébrés du golfe de Naples, décrit sept espèces du genre *Actinia;* il figure de plus, sous le nom d'*Actinia elongata*, un Zoanthaire dont il nous a été impossible de trouver la description dans le texte de son ouvrage, et qui paraît être identique avec un *Phellia* commun sur nos côtes, et que nous décrirons plus loin sous le nom de *Phellia elongata*.

Les observations anatomiques de l'auteur ont peu d'importance. Delle Chiaje distingue, dans les parois du corps, un premier plan, qu'il compare à une couche tégumentaire, et un second plan fibreux, formé d'éléments entrecroisés dans toutes les directions. Il attribue à la bouche un muscle circulaire particulier qui permettrait à l'animal de faire précéder la digestion d'une sorte de mastication.

Le naturaliste napolitain a observé les cloisons, mais il n'a remarqué ni leur importance, ni l'ordre de leur distribution. Il parle des organes de la génération et semble avoir vu les spermatozoïdes. Il se livre enfin à des considérations quelquefois puériles sur les mœurs des Actinies, leur attribuant par exemple la propriété de prédire le temps.

En 1826, Risso (3), dans son *Histoire naturelle*, classe les

(1) Spix, *Annales du Muséum*, 1809, t. XII, p. 460.

(2) Delle Chiaje, *Memor. sulla storia e notomia degli Animali senza vertebre del regno di Napoli*. Naples, 1823-29.

(3) Risso, *Histoire naturelle des principales productions de l'Europe méridionale*, 1826.

Actinies dans sa famille des Fistulides, qu'il place dans l'ordre des Échinodermes, parmi les Radiaires. Il en distingue quatorze espèces appartenant aux genres *Actinia* et *Anemonia*. Il ne donne d'ailleurs aucun détail anatomique, et ses descriptions, quoique meilleures que celles de Delle Chiaje, sont le plus souvent incomplètes.

Dugès (1), de Montpellier, décrivit en 1836, sous le nom d'*Actinia parasitica*, une Actinie qu'il considéra comme nouvelle, et qui n'est autre que l'*Actinia carciniopados* de Delle Chiaje.

En 1842, M. de Quatrefages (2) publia dans les *Annales* un mémoire important sur le nouveau genre *Edwardsia* des côtes de l'Océan. Le travail de l'éminent naturaliste est surtout remarquable en ce qu'il ne consiste pas uniquement en une description des espèces nouvelles, et qu'il contient une étude soignée de leurs particularités anatomiques. Le savant professeur du Muséum décrit d'abord les espèces qu'il vient de découvrir leurs mœurs et la forme générale de leur corps. Il examine ensuite successivement les téguments, l'appareil digestif, l'appareil respiratoire, les organes de la reproduction. Les téguments se composent de deux couches, ne pouvant être isolées que dans la partie moyenne du corps; dans les autres régions où ces téguments sont transparents, ils paraissent formés d'un seul plan. Dans la région moyenne du corps des Edwardsies, l'épiderme est rugueux, comparable à l'écorce d'un arbre; le derme sous-jacent est fibreux, et l'auteur y place les capsules urticantes. Au-dessous de cette couche tégumentaire, le tronc présente une zone de fibres musculaires transversales, une autre assise de fibres musculaires longitudinales très nettes, puis enfin un épithélium interne formé par le repli d'une couche cellulaire jouant le rôle d'un péritoine. Une cavité oblongue, entourée d'une forte masse musculaire, précède un espace plus grand, que l'auteur considère comme un intestin; les cloisons y sont au nombre de huit.

(1) Dugès, *Annales des sciences naturelles*, 2e sér., 1836, t. VI, p. 97.
(2) De Quatrefages, *Ann. des sciences natur.*, 2e sér., 1842, t. XVIII, p. 65.

Les ovaires des Edwardsies se présentent sous la forme de cordons attachés le long des cloisons intestinales. M. de Quatrefages n'a pu observer d'individus mâles : il suppose que les Actinies sont hermaphrodites, et considère les capsules qui garnissent les filaments des cloisons comme des corps fécondateurs. Dans la troisième partie de son mémoire, le même auteur recherche la place que les Edwardsies doivent occuper dans les classifications zoologiques. L'éminent professeur pense que ces êtres ont des rapports intimes avec les Alcyonaires, qu'ils présentent des caractères communs avec les Holothuries, et conclut enfin que leur véritable place est parmi les Actiniaires.

Contarini (1) fit paraître en 1844 une monographie des Actinies de l'Adriatique. Ce travail comprend deux parties : la première se rapportant à l'anatomie des Actinies, l'autre à la description des espèces observées. Nous lisons dans cette monographie une description de l'aspect extérieur des Actinies et des diverses parties qui les constituent. Contarini insiste sur les fonctions du pied, sur la forme du corps et sur les changements que les Actinies peuvent présenter, mais il ne pénètre pas leur structure intime. Il ne distingue même pas une couche tégumentaire et une couche fibreuse, et croit que les parois du corps sont parcourues par de nombreux canaux. A propos de l'œsophage, Contarini déclare, avec raison, qu'il ne peut se ranger à l'opinion de Delle Chiaje. Il admet un mode de reproduction asexuel et un autre sexuel, mais il distingue difficilement les individus mâles des femelles. Il croit à la présence d'un appareil circulatoire distinct, et pense que les tentacules, qu'il compare à des branchies, ont des fonctions spécialement respiratoires. La seconde partie de son travail est précédée de l'exposé des classifications admises jusqu'à lui. Il décrit enfin les treize espèces qu'il a observées et dont plusieurs doivent être réunies dans le même groupe.

En résumé, le traité de Contarini est un exposé complet des

(1) Contarini, *Trattato dell' Attinie*, 1844.

mémoires publiés jusqu'à son époque ; il contient peu de résultats nouveaux, et présente surtout un intérêt bibliographique.

La monographie du genre *Actinia* de Hollard (1) est un travail bien différent des précédents ; il suffit de lire le « coup d'œil général sur la forme et l'organisation des Actinies », pour voir que l'auteur a bien compris la structure de ces animaux. Il décrit successivement le pied, la colonne, les tentacules, l'œsophage formé par une sorte de renversement des parois du corps, les cloisons et l'ordre de leur disposition. Dans les parois du corps, Hollard décrit deux couches. L'une constitue la peau ou système tégumentaire, et comprend, d'après l'auteur, quatre straies : épithélium, corps pigmental et fonds d'éléments granulo-cellulaires. L'autre couche correspond à un système locomoteur, qui est considéré par Hollard comme formé d'un plan de fibres circulaires externes et d'un plan de fibres longitudinales internes. Les tentacules ont une structure semblable à celle des parois du corps : ils sont munis d'un pore terminal. Hollard étudie les bourses chromatophores et signale le grand nombre de nématocystes qui les garnissent ; il pense que ces bourses ont des fonctions sensitives, mais il ne les considère pas cependant comme des yeux composés. Il étudie ensuite la disposition des cloisons et leurs rapports avec les tentacules. Il remarque que deux cloisons voisines se regardent toujours par leurs faces homologues ; il en distingue de plusieurs ordres, les plus anciennes atteignant seules l'axe du corps. Il considère les filaments mésentériques comme des cæcums hépatiques.

En 1854, Haime (2) publia un mémoire important sur un type faisant partie des Zoanthaires malacodermés, le Cérianthe. Cet animal n'était encore connu que par quelques descriptions incomplètes de Spallanzani, de Delle Chiaje, de Rapp et d'Edwards Forbes. Le travail de J. Haime constitue, pour l'épo-

(1) Hollard, *Monographie anatomique du genre* Actinia (*Ann. sc. nat.*, 3e sér., 1851, t. XV).

(2) J. Haime, *Mémoire sur le Cérianthe* (*Ann. sc. nat.*, 4e sér., 1854, t. I, p. 341).

que, une monographie des plus remarquables. Dans la première partie de son mémoire, ce zoologiste éminent démontre que toutes les espèces du genre Cérianthe mentionnées par Delle Chiaje appartiennent réellement à une seule et même forme. Il décrit l'aspect général, les variations de couleur que ce Cœlentéré peut présenter, son mode d'existence, les lieux qu'il habite de préférence, la manière dont il se sert de ses longs tentacules pour saisir sa proie ; il remarque que le Cérianthe est sensible à l'action des rayons solaires, ne s'étalant jamais en pleine lumière. Ces observations sont très justes. J. Haime étudie ensuite les diverses parties du corps du Cérianthe. Les résultats de ses travaux concordent ici beaucoup moins avec nos propres recherches. A l'aide de la macération, il distingue, dans les téguments du corps, plusieurs plans superposés ; il compare cette structure à celle des Actinies, et remarque avec raison que les différentes couches décrites par Hollard sont quelquefois fort peu distinctes. L'auteur avoue que ses observations histologiques sont bien incomplètes, mais il pense qu'elles suffisent pour démontrer que les téguments du Cérianthe ont une structure au moins aussi complexe que celle des Actinies. Dans la tunique musculaire, Haime a vu des fibres musculaires circulaires externes, et d'autres longitudinales internes. Les observations de Rapp, qui mentionne surtout des fibres longitudinales, sont plus justes. J. Haime classe les tentacules en deux cycles distincts. Il cherche à appliquer au Cérianthe les lois formulées par Hollard et M. Milne Edwards, et conclut de ses observations que le Cérianthe, n'ayant primitivement que quatre tentacules, fait exception à cette règle et se rapproche des Coralliaires fossiles désignés par M. Milne Edwards et par lui-même sous le nom de Zoanthaires rugueux. L'appareil sexuel est exactement décrit : l'auteur reconnaît l'hermaphroditisme complet du Cérianthe, pense que la fécondation doit se faire dans les lames génitales elles-mêmes, et que par la rupture de la faible cloison qui sépare une capsule spermatogène d'une capsule ovigène, les éléments de la reproduction sont mis en contact. Dans son dernier chapitre, Haime insiste justement sur les caractères qui séparent le Cérianthe des autres Actiniaires.

M. Milne Edwards et Haime (1), en 1857, modifièrent les idées adoptées jusqu'à cette époque, et établirent que la classe des Coralliaires forme une subdivision naturelle des Cœlentérés de Frey et Leuckart. La classification adoptée par les auteurs français nous semble la meilleure qu'on puisse suivre. Leur ouvrage, qui est entre les mains de tous les naturalistes, est trop important pour que nous ayons la prétention d'en donner une analyse ; il est encore, à notre avis, le meilleur guide pour l'étude des Coralliaires.

L'ouvrage de Gosse (2), publié en 1860, est surtout remarquable par ses figures et par les descriptions détaillées qu'il donne des espèces, qui constituent une sorte de monographie purement zoologique des Actinies des mers de l'Angleterre. Il est précédé d'une introduction anatomique, où l'auteur résume les travaux de ses prédécesseurs. Il croit à la présence de deux couches de fibres musculaires dans les parois du corps, fait remarquer la vive sensibilité des Actinies, et constate que personne n'a encore trouvé d'éléments qu'on puisse considérer comme nerveux. Il insiste surtout sur les capsules urticantes, dont il décrit la structure avec beaucoup de soin; il pense qu'elles sécrètent un liquide venimeux. Après l'explication des termes employés pour désigner les diverses parties du corps des Actinies, Gosse aborde la partie systématique de son œuvre. Il groupe les Zoanthaires malacodermés en six familles. Les nombreuses chromolithographies qui accompagnent ce travail remarquable facilitent la diagnose des espèces.

Verrill (3) publia en 1868 une revue des Polypes des côtes des États-Unis, dans laquelle il propose la création du genre *Calliactis*, adopté depuis par Kluzinger (4) pour une forme de

(1) M. Milne Edwards et J. Haime, *Histoire des Coralliaires* (*Suites à Buffon*, 1857.)

(2) Gosse, *A History of the British sea Anemones and Corals*, 1860.

(3) Verrill, *Notes on* Radiata (*Review of the Corals and Polyps of the West coast of America*).

(4) Kluzinger, *Die Korallthiere des Rothen Meeres*, 1877.

la mer Rouge, que nous considérons comme très voisine d'une espèce de nos côtes connue depuis bien longtemps.

Fischer (1), dans un travail entrepris surtout à un point de vue zoologique, décrit une trentaine d'espèces provenant des côtes océaniques de France et dont quelques-unes sont nouvelles.

Les travaux de Verrill, Gosse, Kluzinger, Fischer, visent uniquement des questions systématiques. Cependant l'histologie des Cœlentérés commençait à préoccuper les anatomistes. Kölliker (2), en 1865, fait remarquer que les Zoanthaires présentent des particularités intéressantes. Les *Zoanthus viridis* et *Solanderi* ont surtout attiré son attention. Par leur structure, ils diffèrent des autres Zoanthaires et se rapprochent des Alcyonaires. Les parois du corps possèdent une couche mésodermique, sur laquelle Kölliker s'arrête de préférence. Elle a une structure fibreuse avec de nombreux noyaux, et présente cette particularité remarquable d'être parcourue par des vaisseaux que l'on considérait autrefois comme propres aux Alcyonaires. Au-dessous du mésoderme, Kölliker décrit une couche de fibres musculaires circulaires, munies de noyaux. La zone ectodermique est dépourvue d'éléments glandulaires. Le savant histologiste, n'ayant pu étudier que des animaux conservés dans l'alcool, insiste peu sur les éléments qui composent les couches cellulaires. Les *Palythoa* ont une structure peu différente de celle des *Zoanthus*, mais Kölliker n'a pu les étudier à cause des grains de sable qui recouvrent leur colonne.

Les recherches de Schneider et Rotteken (3) nous sont connues par une analyse des auteurs eux-mêmes. Ce travail comprend deux parties. Dans la première, ces naturalistes examinent les lois qui régissent la disposition des cloisons et de leurs faisceaux fibro-musculaires chez les Hexactinies. Les faits

(1) P. Fischer, *Recherches sur les Actinies des côtes océaniques de France*.

(2) Kölliker, *Icones histologicæ*, 2 Abth., 1865.

(3) Schneider et Rotteken, *Untersuchungen über den Bau der Actinien und Corallen*, 1871.

qu'ils exposent, diffèrent peu de ceux publiés par Hollard, M. Milne Edwards et Haime, et les lois qu'ils proposent sur le développement des Polypiers sont analogues à celles qui ont été posées par ces naturalistes. Rotteken, dans la deuxième partie de ce mémoire, s'occupe spécialement des bourses chromatophores de l'*Actinia equina*, il les considère comme des yeux composés. L'erreur du naturaliste allemand a été relevée depuis par Korotneff; cependant, à cause de la gravité des opinions émises par Schneider et Rotteken, nous analyserons la description histologique de ces prétendus yeux composés. Ils les comparent à une rétine, et décrivent les couches suivantes : 1° une couche cuticulaire, qui, par de nombreux pores, se divise en bâtonnets; 2° une couche de sphères et de granulations fortement réfringentes, qu'on peut considérer comme des lentilles; 3° une zone de cône consistant en cylindres ou prismes creux fortement réfringents, striés transversalement et arrondis à leur extrémité; 4° une couche de fibres avec noyaux emplissant des espaces entre les cônes; 5° une couche se colorant fortement par le carmin, contenant de nombreuses fibres très fines et des cellules fusiformes; 6° une couche musculaire; 7° l'endothélium. Les auteurs ajoutent que des éléments semblables existent dans les tentacules de l'*Anthea Cereus* et d'autres Actinies.

Schneider et Rotteken terminent leurs recherches par l'étude de la couche mésodermique des parois du corps, couche qu'ils considèrent comme fibreuse. Ils ont vu également les fibres musculaires circulaires et les fibres longitudinales des cloisons.

Le professeur H. de Lacaze-Duthiers publia en 1872 (1) deux mémoires très intéressants sur le développement des Coralliaires; l'éminent professeur de la Sorbonne modifia les idées qu'on avait jusqu'à cette époque sur le mode d'apparition des cloisons et des tentacules : l'importance de ces recherches nous engage à les analyser spécialement dans le chapitre où nous exposerons nos observations embryogéniques.

(1) H. de Lacaze-Duthiers, *Développement des Coralliaires* (*Archives de zoologie expérimentale et générale*, vol. I et II, 1872 et 1873).

Dans une note adressée en 1874 à la Royal Society, Martin Duncan (1) adopte les idées de Rotteken sur les bourses chromatophores; il décrit, de plus, un plexus nerveux sous-endothélial, dont les cellules fusiformes et les fibres, semblables, d'après l'auteur, à celles du grand sympathique, pourraient bien n'être que des éléments musculaires.

Korotneff (2) a également étudié à Roscoff en 1876, dans le laboratoire de M. le professeur Lacaze-Duthiers, les bourses chromatophores de l'*Actinia equina*. Il ne peut partager l'opinion de Schneider et Rotteken et de Martin Duncan. Le naturaliste russe établit que les baguettes et les lentilles de ces auteurs correspondent aux *cnidocils*, que les corps cylindriques sont de véritables nématocystes, et que les longs éléments fusiformes de l'ectoderme sont analogues aux éléments sensitifs des tentacules de la Lucernaire.

Les recherches du même naturaliste (3) sur l'Hydre et la Lucernaire s'adressent à des types voisins de ceux que nous étudions, et l'ont conduit à des résultats analogues. Korotneff examine d'abord les opinions de Kleinenberg (4) sur les éléments neuro-musculaires. Il a suivi exactement les indications techniques de l'auteur allemand, et les résultats obtenus sont cependant différents. Il croit que la partie basilaire contractile de la cellule n'est pas, ainsi que l'a figuré l'histologiste allemand, un simple prolongement protoplasmatique, mais une fibrille plus fortement réfringente, quelquefois extérieure à la cellule. Il fait remarquer que F. Eilh. Schulze et Kölliker sont de cet avis.

L'ectoderme des tentacules de la Lucernaire est garni de nématocystes; il renferme de plus des éléments sensitifs de forme fibrillaire, munis d'un ou de plusieurs renflements protoplas-

(1) Martin Duncan, *On the Nervous System of Actinia* (*Annals and Magazine of Natural History*, p. 13, n° 75, fourth Series).

(2) Korotneff, *Organes des sens des Actinies* (*Archives de zoologie expérimentale et générale*, 1876, t. V, n° 2).

(3) Korotneff, *Histologie de l'Hydre et de la Lucernaire* (*Archives de zoologie expérimentale et générale*, 1876, t. V, n° 3).

(4) Kleinenberg, *Hydra*.

matiques, et terminés à leur extrémité libre par des prolongements de même nature (cnidocils), que Schulze considère comme des organes du tact. Korotneff pense que ces éléments constituent des organes des sens, sans qu'on puisse cependant déterminer plus exactement leurs fonctions spéciales.

Les Lucernaires ont les sexes séparés, et Korotneff dit que les éléments mâles et femelles naissent aux dépens de cellules situées à la base de l'ectoderme ou de l'endoderme, et qui ne peuvent être considérées que comme mésodermiques. Il en conclut que les zoospermes et les ovules naissent dans le mésoderme. D'ailleurs cette opinion sur l'origine de deux sortes d'éléments sexuels chez les Cœlentérés n'est pas isolé. F. Eilh. Schulze a rencontré des faits semblables sur une Éponge calcaire, et des observations analogues ont été publiées sur les Hydraires.

Les recherches de Heider (1) sur le *Sagartia troglodytes* se rapprochent davantage de notre sujet. L'auteur résume d'abord les dispositions anatomiques de cette Actinie en relevant les erreurs de Gosse, de Schneider et Rotteken; il aborde ensuite l'étude histologique, qui constitue la partie la plus importante de son travail. Il examine successivement les tentacules, le disque buccal, le tube œsophagien, la colonne, le disque pédieux, les cloisons et les organes de la génération. L'ectoderme est formé d'éléments glandulaires en massue et de cellules vibratiles. Heider n'a pas rencontré d'éléments nerveux ni de cellules neuro-musculaires; les coupes paraissent lui avoir donné de meilleurs résultats que les dissociations. Il a vu les éléments de la reproduction naître dans le tissu conjonctif des cloisons, près du filament mésentérique; il n'a observé que les ovules, et pense que ce *Sagartia* est hermaphrodite. Le travail de Heider présente une valeur incontestable, nous aurons souvent l'occasion de le citer en exposant nos propres recherches.

On nous permettra enfin de rappeler ici la note insérée aux *Comptes rendus de l'Institut*, et dans laquelle nous indiquions

(1) Heider, *Sagartia troglodytes*.

en août dernier la signification et les résultats principaux de l'étude que nous venions de terminer et qui est l'objet du présent mémoire (1).

Nous croyons devoir analyser encore quelques travaux qui, quoique ne se rapportant pas directement à la structure des Actiniaires, peuvent nous être d'une utilité réelle. En effet, Claus (2) a trouvé chez une Méduse, l'*Aurelia aurita*, des éléments musculaires semblables à ceux que Kleinenberg décrit comme neuro-musculaires et que nous retrouverons chez les Actinies. Le savant professeur de Vienne pense que la partie protoplasmatique de ces éléments représente le reste de la cellule ectodermique dans laquelle l'élément contractile a pris naissance ; on ne saurait lui attribuer des fonctions sensitives. Dans ses études sur les Polypo-Méduses (3), Claus a rencontré sur bien des points une organisation semblable à celle que nous décrirons chez les Actinies. Dans l'*Halistemma*, il a vu le mésoderme fibreux former des plis rayonnants entre lesquels sont contenus les éléments musculaires longitudinaux ; les dessins de ses coupes transversales ont complètement l'aspect des coupes des faisceaux fibro-musculaires des cloisons des Actinies. L'endoderme du Polype de l'*Halistemma* présente également une structure semblable à celle de l'endoderme du Cérianthe ; les tentacules de la *Carmarina* rappellent également, par la disposition des couches cellulaires et des fibres contractiles, les coupes des tentacules des Actiniaires. Cette concordance est assez remarquable pour être signalée.

Nous devons également attirer l'attention sur la monographie du système nerveux et des organes des sens des Méduses, publiée par R. et O. Hertwig (4). Nous croyons devoir rap-

(1) E. Jourdan, *Note sur les Zoanthaires* (*Comptes rendus de l'Institut*, 25 août 1879).

(2) Claus, *Studien über Polypen und Quallen der Adria*, 1878.

(3) Claus, *Untersuchungen über* Charybdea marsupialis, *über* Halistemma tergestinum, n. sp. *nebst Bemerkungen über den feineren Bau der Physophoriden* (*Arbeiten aus dem zoologischen Institut der Universität zu Wien* 1878).

(4) R. et O. Hertwig, *Das Nervensystem und die Sinnesorgane der Medusen*. Leipzig, 1878.

peler ici la description qu'ils donnent du système nerveux, regrettant de ne pouvoir faire une analyse complète de cet ouvrage fondamental. Les éléments auxquels ces auteurs attribuent les fonctions nerveuses sont des cellules et des fibrilles situées à la base de l'ectoderme, en rapport avec l'extérieur par des cellules sensitives qui se distinguent des autres éléments épithéliaux par un flagellum et par des prolongements basilaires quelquefois très nombreux. Les cellules nerveuses désignées par ces auteurs sous le nom de cellules ganglionnaires sont rondes, munies d'un noyau distinct, aplaties du côté qui est en rapport avec la couche fibreuse. Elles sont le plus souvent bipolaires; leurs formes et leurs dimensions sont très variables. Quelquefois elles sont multipolaires et portent alors jusqu'à cinq prolongements. Les fibrilles nerveuses présentent des dimensions très variables, qui dépendent de l'anneau nerveux qu'on examine. Elles sont le plus souvent très délicates et se brisent facilement. La distribution des cellules nerveuses diffère avec la région considérée. Dans l'ectoderme de l'ombrelle des Méduses, elles se réunissent en anneaux distincts. Dans leurs tentacules, elles sont disséminées et mêlées aux éléments sensitifs et aux cellules musculaires. Les cellules épithéliales sensitives diffèrent quelquefois à peine des cellules ganglionnaires; elles ne s'en distinguent que par la présence d'un cil.

Les éléments ganglionnaires de R. et O. Hertwig correspondent complètement aux cellules que nous considérons comme nerveuses dans l'ectoderme des tentacules des Actinies. Il nous sera donc possible de généraliser dans ce mémoire les belles observations des naturalistes d'Iéna, et nous espérons que nos conclusions sur le système nerveux des Actinies seront acceptées.

Dans le résumé général de leur mémoire, les deux Hertwig critiquent la théorie neuro-musculaire de Kleinenberg. Ils partagent l'opinion de Claus et de Schulze sur l'origine de la fibrille. Ils comparent la fibrille située à la base de la cellule au muscle pédonculaire des Vorticelles. Ils font remarquer avec raison que l'irritabilité est une propriété générale du protoplasma, et que la présence d'éléments contractiles ne nécessite pas celle d'éléments nerveux : aussi, dans l'état actuel de la physiologie, doit-on admettre que les muscles de certains animaux peuvent parfaitement se contracter sans l'intermédiaire de nerfs. Il n'y a, disent R. et O. Hertwig, ni raison histologique, ni raison physiologique pour nous forcer à croire que, chez les Hydroméduses, les éléments sensitifs, ganglionnaires, musculaires et nerveux, qui sont séparés chez les animaux supérieurs, soient réunis dans une seule cellule ; aussi les histologistes allemands ont-ils remplacé le nom de *cellule neuro-musculaire* par celui d'*éléments épithélio-musculaires*. Nous avons éprouvé une légitime satisfaction en trouvant dans ce mémoire une confirmation des idées que nous avions adoptées avant de connaître les arguments des naturalistes allemands auxquels nous avions inconsciemment emprunté le terme même d'*éléments épithélio-musculaires* pour désigner les cellules dont il est ici question.

Ciamician (1) a également trouvé, dans les tentacules d'un Hydraire, le *Tubularia Mesembrianthemum*, une disposition dans les éléments musculaires, identique avec celle que nous décrirons pour les tentacules du Cérianthe.

Nous arrêtons ici cette rapide revue. Nous aurions pu citer plusieurs autres mémoires, dont quelques-uns sont aujourd'hui absolument classiques, nous avons cru pouvoir nous en dispenser. Les grands traités systématiques sont entre les mains de tous les naturalistes et par leur importance échappent à l'analyse. Nous retrouverons enfin au cours de ce travail l'occasion de mentionner certaines recherches embryogéniques dont nous saurons profiter.

Nos recherches zoologiques et histologiques étaient achevées, et notre travail allait être livré à l'impression, lorsque nous avons trouvé dans le numéro 41 du *Zoologischer Anzeiger* (3 novembre 1879), l'indication de la nouvelle publi-

(1) V. Ciamician, *Ueber den feineren Bau und die Entwicklung von* Tubularia Mesembrianthemum (*Zeitschrift für wissenschaftliche Zoologie*, t. XXXII, 1879).

cation du Dr Heider (*Cerianthus membranaceus, ein Beitrag zur Anatomie der Actinien*). Il nous a été possible de prendre connaissance de cet important mémoire, dont nous avons voulu joindre à notre travail une courte analyse.

Après avoir rappelé l'histoire naturelle du Cérianthe, Heider expose la structure de ce Zoanthaire. Il étudie la disposition des tentacules, des cloisons, des lames génitales. La description anatomique donnée par l'auteur diffère peu de celle donnée par J. Haime. Le naturaliste allemand passe ensuite à l'examen histologique. Après quelques mots sur les réactifs employés et sur les difficultés qu'il a rencontrées, le Dr Heider décrit successivement les couches formant le corps du Cérianthe. Les trois éléments que l'auteur a déjà décrits chez le *Sagartia troglodytes* se retrouvent chez le Cérianthe : ce sont des capsules urticantes, des cellules vibratiles et des cellules glandulaires. Les deux premiers de ces éléments sont surtout nombreux dans les tentacules, ils deviennent plus rares dans les parois du corps. Heider insiste sur la présence, à la base de l'ectoderme, d'une zone homologue à la couche granuleuse des Actinies, qu'il désigne sous le nom de *zone interbasale ;* il pense qu'elle renferme des fibrilles nerveuses mettant en communication la partie basilaire des cellules ectodermiques avec les couches contractiles du Mésoderme.

L'endoderme est formé, d'après l'auteur, d'une couche unicellulaire semblable à celle des Actinies, contenant de petites capsules urticantes analogues à celles des méduses.

Sous le nom de *mésoderme*, le Dr Heider entend l'ensemble des couches fibreuses et musculaires. Il insiste avec raison sur l'importance des fibres musculaires. Il ne paraît pas avoir réussi à isoler les éléments de cette couche et avoir vu cette disposition ondulée que prennent les lames musculaires à l'état de contraction. Dans l'épaisseur de la couche fibreuse, l'auteur a vu des cellules munies de prolongements amyboïdes, semblables à celles que nous décrirons dans le mésoderme de l'*Ilyanthus*, et qui existent également dans la couche conjonctive de la plupart des Actinies.

L'étude du développement des éléments de la reproduction constitue, à notre avis, la partie la plus intéressante du travail de Heider. Cet histologiste, ayant pratiqué les coupes des lames génitales au printemps, c'est-à-dire au moment où les vésicules mâles étaient encore incomplètement développées, a pu suivre les différents stades de leur formation. Heider conclut de ses observations, que le système nerveux du Cérianthe est formé par des éléments fibrillaires disséminés dans le réseau interbasal, et mettant en communication les éléments cellulaires de l'ectoderme et les fibres musculaires du mésoderme. On le voit, les nouvelles observations du Dr Heider ont souvent la même signification que celles exposées plus loin à propos du même animal, et qui se trouvent ainsi définitivement acquises à la science.

GÉNÉRALITÉS.

La facilité avec laquelle les Actinies vivent dans les aquariums, l'attrait de leurs vives couleurs, ont frappé de bonne heure les anciens naturalistes ; mais bien peu se sont préoccupés des conditions naturelles de l'existence de ces êtres. Nous pensons que les observations de ce genre ne peuvent être négligées aujourd'hui, et nous pourrions être accusé d'avoir fait un travail incomplet, si nous omettions de signaler le mode de distribution des espèces que nous avons rencontrées sur nos rivages.

La récolte des Actinies présente d'assez grandes difficultés dans la Méditerranée, alors qu'on est privé de la marée; mais le zèle du patron pêcheur du laboratoire, Armand Joseph, nous a permis d'étudier tous les types ordinaires du golfe de Marseille.

Les Actiniaires se fixent à la fois à la côte, dans les prairies de Zostères, sur les pierres ou les coquilles vides des fonds coralligènes et des sables vaseux.

La côte, par la nature du terrain, par son exposition, par la qualité des eaux qui la baignent, est loin de constituer un milieu uniforme. Aussi voyons-nous les Actinies qui l'habitent se diviser en deux groupes. Les unes vivent dans les eaux pures, les autres dans le voisinage de nos bassins.

Les espèces caractéristiques de la faune des eaux vives sont le *Phellia elongata*, le *Sagartia Bellis*, qui porte quelquefois à la base de ses tentacules une tache en forme de B, particularité qui pourrait faire confondre cet animal avec le *Sagartia troglodytes;* enfin le *Corynactis viridis* et le *Balanophyllia regia*, qui représente sur nos côtes l'*Astroides calycularis* des pays plus chauds. D'autres formes, telles que l'*Actinia equina* et le *Paractis striata*, se rencontrent également dans ces stations, mais elles servent pour ainsi dire de transition entre la faune des eaux pures et celle des eaux saumâtres.

C'est surtout dans les petites calanques qui découpent la côte des îles *Ratonneau* et *Pomègue*, qu'on rencontre ces espèces. Le port du lazaret de *Pomègue*, interdit aux pêcheurs et non encore dévasté par les carrières de pierres, est remarquable par sa richesse ; nous y avons rencontré en abondance le *Sagartia Bellis*, représenté par de nombreux individus, vivant côte à côte et formant comme une couche continue, qui ne se révèle que par des tentacules grisâtres, disparaissant au moindre contact. Le *Phellia elongata*, protégé par sa colonne rugueuse, vit mêlé à ce *Sagartia*, fixé au fond des moindres anfractuosités, d'où il est souvent impossible de le détacher. On rencontre également en grande abondance, dans cette anse, le *Balanophyllia regia* et le *Sagartia Penoti*, qui se trouvent aussi à 2 ou 3 mètres de profondeur sur les pierres du fond de la calanque. Ces individus sont particulièrement remarquables par leur grande taille. Le *Palythoa arenacea* lui-même, qu'on recueille ordinairement avec la drague à 20 ou 30 mètres, se fixe sur les pierres à un mètre de profondeur, et y revêt un faciès particulier (pl. 2, fig. 6 *a*).

Au nord-ouest des mêmes îles se présente la calanque de *Morgilet*, baignée par des eaux aussi pures, mais ne possédant pas une faune aussi abondante : cette pénurie doit être attribuée à un fond privé d'Algues et récemment bouleversé par divers travaux. De cette calanque les *Sagartia Bellis* sont absents ; les *Phellia elongata* y semblent rares ; au contraire les *Corynactis viridis* se multiplient tout particulièrement sur les pierres du fond. Les *Actinia equina* sont représentés par de grands individus semblables à ceux qui ont été décrits par Contarini sous le nom de *concentrica*. Les *Paractis*, remarquables par leur analogie avec la variété précédente, sont aussi très communs. On voit également à l'entrée du *Morgilet* et le long de l'île de *Ratonneau*, le *Bunodes verrucosus* et sa jolie variété rose.

Les espèces que nous venons de signaler, reparaissent à la côte depuis le *Pharo* jusqu'au cap *Croisette*.

Dans la direction opposée, la portion du golfe qui s'étend du bassin National à l'*Estaque* présente quelques particularités : les *Sagartia Penoti* y sont communs, mais ils n'atteignent pas une grande taille ; on y rencontre fréquemment les *Bunodes Ballii*, ainsi que des *Actinia equina* et des *Anemonia sulcata*. Les *Actinia equina* et les *Paractis* sont donc les Actinies des eaux vives susceptibles d'habiter le plus près des eaux impures.

En approchant des ports, on voit l'*Anemonia sulcata* se mêler à elles. Bientôt les *Anemonia* prédominent, et dans l'avant-port sud de la Joliette ils demeurent presque seuls.

Cette dernière Actinie se montre et tend à se multiplier toutes les fois que sont réalisées les conditions favorables à son développement. C'est ainsi qu'absente le plus souvent le long de la côte de *Cassis* et de la *Ciotat*, elle vit en abondance dans les ports de ces localités, et revêt alors des caractères particuliers : ses tentacules se raccourcissent et sa colonne s'allonge, tandis que dans nos avant-ports les *Anemonia* montrent des tentacules très longs et une colonne très basse.

Le *Bunodes verrucosus*, le *Sagartia miniata*, le *Sagartia troglodytes* et le *Bunodes Ballii*, représenté par la variété *livida*, se rencontrent dans les mêmes conditions que les *Anemonia*. Le *Bunodes Ballii* var. *livida*, qui, après l'*Anemonia sulcata*, est l'espèce la plus commune, vit parmi les *Cionia intestinalis*, fixé sur les coquilles des Moules.

Les espèces qu'on peut se procurer au moyen du gangui ou de la drague se divisent également en plusieurs sections, les unes préférant les prairies de Zostères, les autres les fonds coralligènes, d'autres enfin les fonds vaseux. Dans les fonds vaseux, en dehors des Zostères, on rencontre fréquemment le *Calliactis effœta*, fixé quelquefois en colonies sur les grosses coquilles vides du *Cassis sulcosa* et en commensalisme avec le *Pagurus striatus*. L'*Adamsia palliata*, qui vit isolé avec son commensal l'*Eupagurus Prideauxi*, attire l'attention par sa forme bizarre et par les belles taches violacées de sa colonne. L'*Adamsia* se montre depuis 30 mètres dans les mêmes stations, et se multiplie surtout dans la vase, au large de *Carry* et de *Mejean*. C'est également dans les sables vaseux du nord-ouest, à 60 ou 80 mètres de profondeur, qu'a été recueillie une curieuse forme d'*Ilyanthus*; nous la devons à l'obligeance de notre excellent maître, M. Marion (voy. pl. 2, fig. 5).

Dans les prairies de Zostères, on trouve encore assez fréquemment l'*Adamsia palliata* et le *Calliactis effœta*. Cette dernière espèce présente alors une coloration d'un brun plus intense, ne vit pas en colonies, et n'atteint jamais la taille des individus des régions profondes. Les prairies de Zostères du fond du golfe possèdent également quelques *Anemonia sulcata* remarquables par leur grande taille, qui atteint jusqu'à $0^{m},10$ de diamètre.

Les fonds coralligènes ou de graviers vaseux constituent, de 30 à 60 mètres, la région préférée des Zoanthaires sclérodermés. On y trouve encore diverses espèces de Malacodermés. Parmi eux, il faut citer surtout le *Sagartia Bellis*, le *Sagartia Penoti* et des *Phellia elongata*, remarquables par la petitesse de leur taille et les rugosités de leur colonne. Toutes ces espèces vivent de 20 à 40 mètres de profondeur.

Les Sclérodermés sont représentés dans les mêmes fonds coralligènes par le *Balanophyllia italica*, le *Cladocora cæspitosa*, le *Caryophyllia clavus*, qui est surtout abondant dans les fonds du nord-ouest, près de *Carry*.

Le *Flabellum anthophyllum* vit également, depuis 30 jusqu'à 70 mètres, dans les mêmes conditions que le *Balanophyllia italica*. Enfin le *Paracyathus pulchellus* a été pris récemment à 100 mètres de profondeur par les lignes de fond des pêcheurs au palangre.

En résumé, on peut dire que les Zoanthaires malacodermés sont bien moins étroitement parqués sur nos côtes que les Sclérodermés. Parmi ces derniers, le *Balanophyllia regia* peut seul exceptionnellement quitter les roches du littoral pour les Algues encroûtées des fonds coralligènes. Au contraire, les *Sagartia*, les *Phellia*, possèdent une zone de distribution des plus larges, depuis la côte jusque dans les profondeurs.

PREMIÈRE PARTIE

ZOOLOGIE DESCRIPTIVE ET SYSTÉMATIQUE.

Une étude zoologique des Actiniaires exige quelques réflexions préliminaires sur la somme des modifications morphologiques dont ce type de Métazoaires semble susceptible.

Il nous paraît que le zoologiste ne devrait pas employer une commune mesure dans la classification de groupes de valeurs nécessairement inégales. Il convient d'insister sur cette idée qui s'est déjà présentée à l'esprit de beaucoup de naturalistes, et avec laquelle les cours et les conférences de notre excellent maître, M. le professeur Marion, nous ont depuis longtemps familiarisés.

Les caractères spécifiques sont fondés sur la présence ou l'absence de certains organes, sur les différences d'aspect, sur les modifications morphologiques secondaires que ces organes éprouvent. Il en résulte nécessairement que la notion d'espèce, assez nette lorsqu'il s'agit d'êtres différenciés, offrant des organes nombreux et variés, devient plus confuse à mesure qu'on descend dans la série et qu'on observe des animaux de plus en plus simples. Les difficultés du zoologiste augmentent ; les modifications légères ne sont point facilement perçues, et lorsqu'elles existent, on les considère difficilement comme ayant une valeur spécifique. Lorsque, au contraire, on est en présence de modifications réelles, elles prennent une grande importance et l'on doit leur attribuer une valeur générique. Ainsi l'idée de genre devient prédominante, tandis que celle d'espèce diminue.

Chez les Cœlentérés, adaptés à une vie pélagique et extraordinairement diversifiés par suite de la cormogenèse, chez les Siphonophores par exemple, ces difficultés disparaissent. Elles subsistent en entier chez les types qui, comme les Zoanthaires, n'offrent que des différenciations morphologiques secondaires.

Nous comprenons bien aussi les hésitations des naturalistes classificateurs, encore peu d'accord sur le compte de certaines espèces. Si nous considérons, par exemple, les deux genres *Actinia* et *Sagartia*, nous voyons que, pour le premier, les zoologistes admettent une seule espèce, autour de laquelle se groupent de nombreuses variétés caractérisées uniquement par des différences de coloration. Il n'est accepté par aucun que ces particularités soient suffisantes pour consacrer de véritables espèces. Par contre, lorsqu'il s'agit du genre *Sagartia*, les traités systématiques abondent en espèces, dont plusieurs ne peuvent guère se justifier que par des différences semblables à celles que présentent les variétés de l'*Actinia equina*.

La contradiction est donc manifeste : nous ne disons pas que plusieurs espèces du genre *Sagartia* doivent être considérées comme de simples variétés, ni que les variétés de l'*Actinia equina* doivent être élevées au rang d'espèce ; nous ferons seulement remarquer que, si les auteurs sont partagés dans des questions spécifiques de cette nature, leur accord est facile lorsqu'il s'agit des groupes génériques, personne ne confondant un *Actinia* orné de sa couronne de bourses chromatophores avec un *Bunodes* couvert de verrues, ou avec un *Sagartia* lançant ses filaments mésentériques. Le doute renaît lorsqu'il s'agit de réunir tous ces animaux dans une classification générale.

Le groupe des Zoanthaires, établi par de Blainville, a contenu pendant longtemps les types les plus divers. M. Milne Edwards et Haime en ont, les premiers, indiqué les limites dans une classification généralement adoptée. Ces naturalistes éminents ont divisé les Zoanthaires en trois groupes :

1° Les *Zoanthaires malacodermés*, dont les téguments ne constituent jamais un polypier.

2° Les *Zoanthaires sclérobasiques*, dont le sclérenchyme est constitué par un tissu coriace, parsemé de spicules, et donne naissance à une base ou tige solide.

3° Les *Zoanthaires sclérodermés*, dont l'appareil tégumentaire se solidifie de manière à constituer les véritables polypiers.

Gosse, dans son traité des Anémones des mers d'Angleterre, admet une classification différente.

Son sous-ordre des *Actinaria* correspond à l'ordre des Zoanthaires de M. Milne Edwards et Haime. Le naturaliste anglais, à l'exemple de Dana, ne tient aucun compte de la présence ou de l'absence d'un polypier ; il divise ce groupe en quatre tribus, et les caractérise de la manière suivante :

Tribu I : ASTREACEA. — Tentacules nombreux, en série incomplète. Polypier calcaire (quand il existe), consistant en chambres qui renferment de nombreuses cloisons rayonnantes; les cloisons se prolongent extérieurement au delà des chambres qui les contiennent.

Tribu II : CARYOPHYLLACEA. — Tentacules nombreux en deux ou plusieurs séries. Multiplication par bourgeonnements latéraux, constituant un polypier toujours calcaire, pourvu de nombreux sillons.

Tribu III : MADREPORACEA. — Tentacules en une seule série, douze, rarement davantage. Bourgeonnement latéral. Calice très petit. Cloisons au nombre de six ou douze, ou complètement absentes.

Tribu IV : ANTIPATHACEA. — Polype à six tentacules formant un axe corné.

On voit, par l'exposé précédent, que les trois premières tribus de Gosse comprennent les Malacodermés et les Sclérodermés. La quatrième correspond exactement aux Sclérobasiques. Le zoologiste anglais laisse de côté cette dernière tribu et celle des *Madreporacea*, qui n'ont pas de représentants dans les mers d'Angleterre, et s'occupe spécialement des deux premières.

La principale différence que Gosse signale entre ses deux premières et ses deux dernières tribus dépend du nombre des tentacules.

La tribu des *Astreacea* diffère de celle des *Caryophyllacea* par le mode de bourgeonnement des individus à polypiers composés, mais Gosse ne signale aucune différence essentielle entre ceux à polypiers simples.

La première de ces tribus contient la plupart des Malacodermés.

Les *cnidæ* (nématocystes) de cette tribu sont disséminés dans l'ectoderme, tandis que chez les *Caryophyllacea* ils sont groupés en lobules, et constituent les têtes des tentacules des *Corynactis* et les lobules des tentacules des *Balanophyllia*.

Le groupe des *Caryophyllacea* de Gosse réunit en une section les *Coyrnactis* et certains Sclérodermés, qui présentent en effet dans leur structure des ressemblances que nous indiquerons plus loin en résumant nos observations histologiques.

La classification adoptée par Gosse présente, à notre avis, un grand inconvénient. Elle confond les Zoanthaires malacodermés et sclérodermés, ne tenant aucun compte de la présence ou de l'absence d'un polypier.

La présence d'un polypier ne correspond certainement pas à un plan d'organisation complètement distinct; elle nous paraît cependant essentielle et préférable, pour établir les bases d'une classification, aux détails secondaires sur lesquels reposent les groupes proposés par Gosse.

Cette classification présente de plus l'inconvénient de confondre en un seul groupe, avec les autres Zoanthaires malacodermés, le *Cérianthe*, qui possède cependant une structure anatomique et histologique complètement différente, que nous avons eu déjà l'occasion d'indiquer dans une note insérée aux *Comptes rendus de l'Institut* (1).

Aussi préférons-nous adopter le mode de groupement de M. Milne Edwards et Haime, qui correspond mieux à des caractères faciles à apprécier.

Nous diviserons donc les Zoanthaires de nos côtes en deux groupes : celui des Malacodermés et celui des Sclérodermés. Les premiers comprendront trois familles, suivant que les Polypes sont simples ou agrégés, ou encore contenus dans des tubes feutrés. Ce sont : les *Actininæ*, les *Zoanthinæ* et les *Cerianthidæ*. Les deux dernières de ces familles sont représentées sur nos côtes chacune par un seul genre; la première contient des représentants bien plus nombreux, que nous classerons en prenant pour point de départ le mode de fixation de leur base, la rétractilité de leurs tentacules et la perforation de leur colonne.

(1) Et. Jourdan, *Note sur les Zoanthaires malacodermés* (*Comptes rendus de l'Institut*, 25 août 1879).

MALACODERMÉS.

ACTININÆ.	Base adhésive.	Colonne imperforée.	Tentacules non rétractiles			*Anemonia.*
			Tentacules rétractiles	subulés.	Colonne lisse. Bourses chromatophores	*Actinia.*
					Pas de bourses chromatophores	*Paractis.*
					Colonne tuberculeuse.	*Bunodes.*
				capités		*Corynactis.*
		Colonne perforée	lisse.	Pores au sommet		*Sagartia.*
				Pores à la base.	Colonne normale	*Calliactis.*
					Colonne transformée par le commensalisme.	*Adamsia.*
			rugueuse			*Phellia.*
	Base non adhésive					*Ilyanthus.*
ZOANTHINÆ						*Palythoa.*
CERIANTHIDÆ						*Cerianthus.*

SCLÉRODERMÉS.

Apores	*Caryophyllia.* *Paracyathus.* *Flabellum.* *Cladocora.*
Perforés	*Balanophyllia*

ANEMONIA SULCATA, Pennant.

1786. *Actinia Cereus*, Ellis et Solander, *Hist. of Zooph.*, pl. II.
1816. *Actinia sulcata*, Lamarck, *Hist. des animaux sans vertèbres*, t. III, p. 69.
1826. *Anemonia edulis*, Risso, *Hist. naturelle de l'Europe méridionale.*
1840. *Actinia Cereus*, Grube, *Actinien.*
1844. *Anemonia Cereus*, Contarini, *Trattato dell' Attinie.*
1847. *Anthea Cereus*, Johnston, *Brit. Zool.*
1854. *Anemonia sulcata*, Milne Edwards et J. Haime, *Coralliaires.*
1860. *Anthea Cereus*, Gosse, *Brit. sea Anemones and Corals.*

Cette Actinie, commune sur nos côtes, au voisinage des ports, est remarquable par la longueur de ses tentacules.

La base, très large par rapport à la hauteur de la colonne, est légèrement ondulée ; elle adhère aux rochers, mais il est facile de la détacher.

La colonne est courte ; le diamètre de sa base l'emportant de beaucoup sur sa hauteur ; elle est plissée longitudinalement avec quelques rides transversales, mais elle reste cependant parfaitement lisse, sans aucun appendice.

Sa couleur est brune, avec des intensités variables. Elle n'adhère pas aux doigts aussi fortement que les tentacules, qui, à l'état d'extension, la cachent presque complètement. Le bord supérieur de cette colonne est crénelé.

Le disque buccal est plan, brun verdâtre; les lèvres sont ondulées et même garnies de petits mamelons.

L'œsophage, facilement protractile, plissé longitudinalement, est d'un blanc sale.

La couleur des tentacules est variable : elle est le plus souvent vert-olive et rose à l'extrémité, tandis que dans certains cas les teintes brunes prédominent. Les bras sont alors semblables à la colonne; quelquefois enfin ils sont complètement blancs. Ces tentacules, très longs et nullement rétractiles, se contractent facilement.

Leurs dimensions sont très variables; ils adhèrent aux objets mis en contact avec eux. Leur nombre est considérable, et il est difficile de se faire une idée exacte de la disposition de leurs cycles.

Les individus vivant à 15 ou 20 mètres de profondeur dans les prairies de Zostères diffèrent de ceux de la côte par leur grande taille. Le diamètre de leur base peut atteindre jusqu'à 10 centimètres. Il faut ajouter que le bord supérieur de la colonne de ces Anémones des prairies de Zostères est profondément godronné.

Les tentacules paraissent groupés dans chacun de ces sinus péribuccaux de manière à laisser croire qu'une seule de ces Actinies résulte de la soudure de plusieurs individus.

Nous avons déjà signalé plus haut les particularités que présentent les *Anemonia sulcata* provenant d'un petit port voisin (la Ciotat) où cette espèce vit en grande abondance. La colonne est plus élevée, les tentacules sont relativement plus courts, mais la coloration n'a rien de particulier.

ACTINIA EQUINA, Lin.

1786. *Actinia Mesembrianthemum*, Ellis et Solander, *Zooph.*
1823. *Actinia rubra*, Delle Chiaje, *Animali senze vertebre.*

1823. *Actinia Cari*, Delle Chiaje.
1826. *Actinia corallina*, Risso, *Histoire nat. de l'Europe méridionale.*
1826. *Actinia concentrica*, Risso.
1844. *Actinia rubra*, Contarini, *Trattato de l'Attinie.*
1854. *Actinia equina*, Milne Edwards et J. Haime, *Coralliaires.*
1860. *Actinia Mesembrianthemum*, Gosse, *Brit. sea Anemones and Corals.*

Cette espèce est représentée sur nos côtes par de nombreux individus, appartenant à trois ou quatre variétés. Toutes sont munies d'une couronne de bourses chromatophores, bleues.

La base est étalée, à peu près égale à la hauteur de la colonne ; celle-ci est lisse, quelquefois ridée, ornée à sa base d'un liséré bleu.

Les tentacules et le disque buccal ont la même couleur que la colonne ; les tentacules sont courts, nombreux, sans taches d'aucune espèce.

L'œsophage, chez les variétés rouges, est d'une belle teinte écarlate.

Les variétés de nos côtes sont celles que Gosse désigne sous les noms d'*olivacea*, *umbrina*, *glauca*, *hepatica*; cette dernière est la plus commune. Nous avons rencontré encore une variété remarquable par sa grande taille, par la coloration brune de sa colonne et la teinte bleu clair de ses bourses chromatophores. L'ensemble de ces caractères permettrait de la rapporter à l'*Actinia concentrica* de Risso, mais nous ne croyons pas que ces particularités tirées de la taille et de la couleur soient suffisantes pour caractériser une espèce.

Nous avons trouvé en abondance, dans la cavité mésentérique de l'*Actinia equina*, une Infusoire parasite d'une grande taille (pl. 5, fig. 41), que nous décrirons plus loin, quand nous nous occuperons de l'histologie de cette espèce.

PARACTIS STRIATA, Risso, sp.

(Pl. 1, fig. 1.)

Ce genre diffère du précédent par l'absence des bourses chromatophores; il n'est pas signalé dans l'ouvrage de Gosse.

Fischer paraît également ne pas l'avoir rencontré. M. Milne Edwards et J. Haime en mentionnent plusieurs espèces, la plupart exotiques, mais dont quelques-unes habitent les côtes septentrionales de l'Europe. Risso décrit brièvement, sous le nom d'*Actinia striata*, une Ortie de mer qui paraît se rapporter au *Paractis* que nous avons observé. Le naturaliste de Nice déclare lui-même que cette Actinie ne diffère de la précédente, l'*Actinia concentrica*, que par l'absence des bourses chromatophores.

Cette remarque est très juste, et il nous a été souvent très difficile de distinguer les *Paractis* à l'état de contraction des *Actinia equina* var. *concentrica*.

La base du *Paractis striata* est étalée, elle mesure de 25 à 35 millimètres; elle est couleur blanc sale, légèrement verdâtre.

La colonne est lisse, très aplatie à l'état de contraction. A l'état d'extension complète, sa hauteur ne dépasse pas son diamètre. Elle est parcourue, de son bord supérieur à sa base, par des lignes verticales vertes qui alternent avec des lignes brunes. Au sommet de la colonne, ces deux couleurs se confondent en une teinte unique plus foncée. La base de la colonne est ornée, comme chez l'*Actinia equina*, d'un liséré bleu.

Le disque buccal et les tentacules ont une couleur vert d'eau uniforme, plus claire que celle du sommet de la colonne. Les tentacules sont courts, sans taches ni lignes caractéristiques, moins serrés que chez l'*Actinia equina*. Les lèvres sont complètement lisses, l'œsophage est brun.

Cette espèce est remarquable par sa curieuse habitude de se contracter sous l'influence des rayons lumineux. Aussi nous a-t-il été impossible de nous faire une idée exacte du nombre et de la disposition de ses tentacules. Elle s'étale au contraire facilement à l'obscurité; mais si on la découvre, même avec précaution, elle ne tarde pas à se contracter.

Ses tentacules s'agitent, se rétractent, et finissent par disparaître complètement. L'animal se présente alors sous l'aspect que nous avons figuré.

BUNODES VERRUCOSUS, Pennant (1).

1777. *Actinia verrucosa*, Pennant, *Brit. Zool.*
1786. *Actinia gemmacea*, Ellis et Solander, *Hist. of Zooph.*
1825. *Actinia pedunculata*, Delle Chiaje, *Animali senze vertebre.*
1844. *Actinia verrucosa*, Contarini, *Trattato dell' Attinie.*
1854. *Cereus gemmacea*, Milne Edwards et Haime, *Coralliaires.*
1860. *Bunodes gemmacea*, Gosse, *Brit. sea Anemones and Corals.*

Cette petite espèce attire l'attention par les verrues qui hérissent sa colonne.

Elle présente les caractères suivants :

La base est légèrement étalée; elle a 2 centimètres de diamètre et adhère fermement aux rochers.

La colonne égale en hauteur le diamètre de la base; elle est garnie de verrues, dont les dimensions augmentent en se rapprochant du bord supérieur de la colonne; elles sont disposées en lignes verticales suivant l'ordre indiqué par Gosse. Les verrues des six premières séries sont blanches et se distinguent facilement des autres, qui ont une couleur grise, se confondant avec la teinte générale de l'animal. Ces six lignes de verrues blanches nous semblent caractéristiques. Nous avons vu cependant quelques rares individus qui ne les offraient pas, tous les autres caractères restant les mêmes. A la base de la colonne, les verrues s'effacent et finissent par se confondre en autant de lignes verticales grises. Le nombre des séries de verrues est du reste en rapport avec l'âge de l'animal.

Le disque est plan, quelquefois un peu concave, orné de lignes rayonnantes roses, disposées régulièrement sur un fond brun verdâtre très clair. Cette couleur verte est surtout nette sur les bords des lèvres, qui présentent deux belles taches carmin.

Les tentacules ont l'aspect figuré par Gosse. Les deux pre-

(1) Nous adoptons le genre *Bunodes* de Gosse, pour désigner les *Actinies verruqueuses*, à cause de la confusion à laquelle a donné lieu le genre *Cereus* d'Oken, conservé par M. Milne Edwards et J. Haime, et qui a l'inconvénient de comprendre à la fois des *Actinies perforées* et des *Actinies imperforées.*

miers cycles sont formés par six tentacules chacun. La formule de Fischer est exacte.

On trouve encore à Marseille une jolie variété à colonne complètement rose.

Cette espèce est fréquente sur nos côtes, elle se rencontre à fleur d'eau sur les pierres.

BUNODES BALLII, Gosse.

? 1849. *Actinia Ballii*, Cocks, *Rep. Corn. Soc.*
1851. *Actinia clavata*, Thompson, *the Zoologist.*
1854. *Cereus clavatus*, Milne Edwards et J. Haime, *Coralliaires.*
1860. *Bunodes Ballii*, Gosse, *Brit. sea Anemones and Corals.*

La colonne de cette espèce diffère de celle du *Bunodes verrucosus* par son aspect et par sa consistance. Elle est également garnie de verrues, mais ces organes sont bien plus petits que dans l'espèce précédente, et souvent la tache rouge qui les marque permet seule de les apercevoir. Ils sont disposés en séries longitudinales qui diffèrent les unes des autres par le volume de leurs verrues. Elles deviennent indistinctes en se rapprochant de la base. La colonne est rose à la base, légèrement brune à son sommet.

Le disque et les tentacules sont bruns, irrégulièrement tachés et rayés de blanc; ils sont disposés suivant la formule indiquée par Gosse. Les tentacules sont plus longs que chez le *Bunodes verrucosus*, quelquefois brusquement effilés à leur extrémité, qui se courbe et se réfléchit en dedans.

La bouche ne présente pas la belle coloration verte de l'espèce précédente.

Outre le type que nous venons de décrire, on trouve une variété habitant avec les *Anemonia sulcata*, dans l'avant-port sud de la Joliette. Ses caractères permettent de la rapporter complètement à la description que Gosse donne de la variété *livida*. La colonne présente les verrues précédemment signalées, et de plus les tentacules offrent au milieu de leurs taches blanches de petits points rouges, semblables à ceux de la colonne. Les individus appartenant à cette variété nous ont toujours paru avoir une taille supérieure à ceux de la variété *rosea*.

CORYNACTIS VIRIDIS, Allman.

1846. *Corynactis viridis* Allman, *Ann. and Mag. of Natural Hist.*, t. XVIII.
1847. *Corynactis Allmani*, Thompson, *Brit. Zoology*.
1857. *Corynactis viridis*, Milne Edwards et Haime, *Coralliaires*.
1860. *Corynactis viridis*, Gosse, *Brit. sea Anemones and Corals*.

Cette petite espèce est remarquable par la forme de ses tentacules.

Sa base est étalée et difficile à détacher des roches auxquelles elle adhère.

La colonne est lisse, molle et délicate; elle sécrète un mucus abondant, et se laisse facilement écraser. Sa couleur est le plus souvent orangée, quelquefois gris-perle un peu transparent; nous n'avons jamais rencontré de variété absolument verte. Le bord marginal est rose orangé. Le disque est plan, un peu concave; sa couleur est semblable à celle de la colonne, mais un peu plus rose. Il ne porte aucune tache caractéristique.

Les tentacules sont peu nombreux; disposés en trois cycles, ils attirent l'attention par leur forme bizarre. Ils se composent de deux parties distinctes, une tige et une extrémité renflée ou tête. La tige n'est pas lisse, mais formée de petits lobules qui apparaissent distinctement lorsque le tentacule est complètement étalé, et s'effacent quand il est à demi contracté; cette tige est brune (couleur terre de Sienne), et se distingue ainsi nettement de la tête du tentacule, qui est blanche.

La bouche est plissée et rose.

Les individus de notre région paraissent appartenir presque tous à la variété *Chrysochlorina* de Gosse.

Les *Corynactis*, par la forme bizarre de leurs tentacules, nous semblent constituer un type à part parmi les Malacodermés; ils établissent même une transition vers les Sclérodermés. Leur corps ne présente, il est vrai, aucune incrustation calcaire, mais outre la structure fortement lobulée de leurs tentacules, on retrouve dans l'ectoderme de la colonne les gros nématocystes à fil pelotonné du *Cérianthe* et des Sclérodermés, organes qui sont absents des téguments de tous les autres Actiniaires que nous avons pu observer.

Les *Corynactis* vivent à la côte, fixés sur les frondes de *Cystoseira*, et en abondance sur les pierres du fond de certaines calanques, ainsi que sur les rhizomes des Zostères.

SAGARTIA MINIATA, Gosse.

1852. *Actinia miniata*, Gosse, *Ann. of Natural History*, 2ᵉ série, t. XII.
1860. *Sagartia miniata*, Gosse, *Brit. sea Anemones and Corals.*

Nous n'avons rencontré qu'un seul individu de cette espèce; il vivait parmi les *Anemonia sulcata* et les *Bunodes Ballii*, sur les pierres de l'avant-port sud de la Joliette.

La base est légèrement étalée.

La colonne, égale en hauteur au diamètre de la base, est lisse, légèrement plissée, d'un brun foncé au sommet, passant vers le bas à une nuance fauve. Le sommet de la colonne est taché de points blancs au niveau des pores, par lesquels sortent en abondance des filaments mésentériques d'un blanc rosé.

Le disque est brun marron, légèrement soulevé en cône; il présente huit taches linéaires blanchâtres, disposées suivant une circonférence à égale distance de la bouche et de la base des tentacules.

L'ouverture buccale est blanchâtre.

Les tentacules se montrent disposés en trois cycles, ceux du cycle externe beaucoup plus courts que ceux du premier cycle. Les tentacules des deux premiers cycles sont brun clair, presque blanc sale; ceux du dernier cycle sont blancs à la pointe et orangés à la base.

N'ayant pu examiner qu'un seul individu de cette espèce, nous ne pouvons dire quelles sont l'importance et la constance des caractères que nous venons de signaler.

SAGARTIA VENUSTA, Gosse.

Actinia venusta, Gosse, *Ann. Nat. Hist.*, sér. 2, t. XIV, p. 281.

Nous rapportons avec doute à cette espèce deux petites Actinies prises à 100 mètres de profondeur avec le *Palythoa Marioni*. Voici les caractères offerts par les deux individus que nous avons eus à notre disposition.

Le disque pédieux mesure 0mm,007 de diamètre.

La colonne est égale en hauteur aux dimensions de la base; elle est d'un blanc sale uniforme sans taches ni stries d'aucune espèce.

Le centre du disque buccal est jaune sale; il est entouré d'une large couronne orangée, située à la région inférieure des tentacules. La base des tentacules forme autour de la bouche une circonférence de douze points jaunes.

Les tentacules sont jaune grisâtre, avec une tache brune à la région médiane; ils présentent à leur base une belle couleur orangée. La formule tentaculaire paraît être 12, 12, 24.

Malgré la petite taille de cette Actinie, qui pourrait la faire confondre avec les *Corynactis viridis*, nous croyons qu'elle était déjà adulte. Contarini, Schmarda, Kluzinger, ne mentionnent aucune espèce semblable à ce *Sagartia*.

SAGARTIA PENOTI, nov. sp.

(Pl. I, fig. 3.)

Ce *Sagartia*, que nous ne pouvons rapporter à aucune espèce déjà décrite, est remarquable par ses longs tentacules.

La base n'est pas étalée.

La colonne est molle, capable de s'allonger beaucoup; elle mesure de 20 à 25 centimètres de hauteur, mais ces dimensions sont loin d'être constantes. Cette région du corps est lisse, terminée à son sommet par un bord régulier et entier, séparé du dernier cycle de tentacules par une petite fosse. La couleur de la colonne est d'un fauve plus foncé au sommet qu'à la base. Cette région est parcourue dans toute sa hauteur par des lignes verticales brunes ; on la voit toujours tachée à son sommet par des points blancs irrégulièrement disséminés, indiquant les pores par lesquels sortent les filaments mésentériques.

La bouche est fauve, ornée de douze rayons verts très clairs, qui correspondent à la base des tentacules du premier cycle ; le reste du disque est formé par une zone d'un brun très foncé, qui se prolonge sur la base des tentacules.

Les tentacules sont disposés en quatre cycles, dont la formule est 12, 12, 24, 48. Le dernier cycle est constitué par des tentacules tout petits et comme en voie de formation. La couleur de ces tentacules varie avec les individus, avec leur taille, avec l'état d'extension ou de contraction de l'animal. Chez les individus jeunes, vivant à la côte, ils ont une nuance fauve uniforme ; chez les individus plus âgés, les tentacules s'allongent considérablement, en même temps que leurs couleurs deviennent plus variées. Ils peuvent alors atteindre une longueur de 35 à 45 millimètres ; ils sont rayés et tachetés de bleu sur un fond fauve. L'aspect est différent suivant que l'une ou l'autre de ces teintes prédomine. Nous avons vu un *Sagartia Penoti* provenant des fonds coralligènes, dont les tentacules étaient complètement bleus ; mais cette couleur s'est effacée, elle est devenue secondaire, lorsque l'animal a été complètement étalé.

Un autre individu de la même espèce, provenant des mêmes fonds, avait des tentacules complètement fauves, sans la moindre tache bleue (pl. 1, fig. 3). Les tentacules de ce *Sagartia* sont, le plus souvent, réfléchis sur la colonne ou sur le disque ; ils sont terminés en pointe effilée, et ils restent incomplètement rétractiles.

Les filaments mésentériques sont blancs, émis facilement et en abondance

Ce *Sagartia* est commun sur nos côtes, où il affecte deux types différents. Certains individus sont petits et ont des couleurs peu brillantes ; ils vivent mêlés aux autres espèces de la côte. Les autres habitent, en moins grand nombre, les calanques de *Pomègue* et de *Ratonneau*, existent aussi dans les fonds coralligènes, atteignent une grande taille et sont ornés de belles couleurs. C'est un de ces derniers que notre ami M. Penot, à qui nous dédions cette espèce, a figuré avec un rare talent et la plus grande exactitude.

Cette espèce nous semble voisine du *Sagartia ignea* de Fischer.

Nous n'avons pu trouver, dans les auteurs qui se sont occupés spécialement des Invertébrés de la Méditerranée, de description à laquelle nous puissions la rapporter avec certitude.

SAGARTIA BELLIS, Gosse.

1786. *Actinia Bellis*, Ellis et Solander, *Hist. of Zooph.*
1825. *Actinia Bellis*, Delle Chiaje, *Animali senze vertebre.*
1844. *Actinia Bellis*, Contarini, *Trattato dell' Attinie.*
1847. *Actinia Bellis*, Johnston, *Hist. of Brit. Zool.*
1857. *Cereus Bellis*, Milne Edwards et J. Haime, *Coralliaires.*
1860. *Sagartia Bellis*, Gosse, *Brit. sea Anemones and Corals.*
1876. *Cereus pedunculatus*, Fischer, *Actinies des côtes océaniques de France.*

Les particularités que présentent les *Sagartia Bellis* de nos côtes nous ont fait hésiter pendant longtemps. Quelques individus portent en effet à la base de leurs tentacules une tache en forme de B qui permettrait de les rapporter au *Sagartia troglodytes* (pl. 1, fig. 4). Mais nous croyons que l'ensemble de leurs autres caractères nous autorise à les considérer comme étant bien des *Sagartia Bellis*. Le B, considéré par Gosse comme un caractère spécifique, perdrait donc beaucoup de sa valeur, puisque, non-seulement il n'existe pas nettement marqué chez tous les *Sagartia troglodytes*, mais qu'on le retrouve encore sur les *Sagartia Bellis* de nos régions.

Cette espèce se présente avec les caractères suivants :

La base est considérablement étalée, elle dépasse de beaucoup le diamètre de la colonne; elle est légèrement ondulée et mesure jusqu'à 5 centimètres de diamètre.

La colonne est ferme, très basse, surtout quand l'animal est contracté; on y remarque plusieurs zones distinctes. L'inférieure est lisse, rose ou couleur de chair ; à sa partie supérieure, cette région change d'aspect, elle devient ridée, en même temps que sa couleur passe insensiblement à un gris de plus en plus foncé. Elle est alors ornée de taches bleues, qui sont tout autant de petites glandes auxquelles adhèrent des débris de coquilles et de petits cailloux.

Le disque présente une forme particulière. Il es large, creusé en coupe; son bord, régulier, présente de nombreuses ondulations, et il est caché par les tentacules. Ce disque est d'une teinte brun sombre, taché de blanc, le plus souvent d'une manière irrégulière ; quelquefois cependant ces taches forment deux bandes rayonnantes qui s'étendent jusque sur la base des tentacules. Ceux-ci sont courts, très nombreux, gris ou brun-chocolat, avec des taches orangées, d'autres fois presque fauves, avec un B très nettement marqué à la base; chez quelques individus ils sont même d'un blanc presque pur.

Cette espèce habite en grand nombre les petites calanques de *Pomègue* et de *Ratonneau*, où elle vit cachée par les petits cailloux qu'elle fixe à l'aide des glandes de sa colonne, et qui lui permettent de disparaître complètement, quand elle est contractée. Elle existe également avec les mêmes caractères dans les fonds coralligènes, dans les cavités des Mélobésies.

SAGARTIA TROGLODYTES, Gosse.

1847. *Actinia troglodytes*, Johnston, *Brit. Zool.*

Tous les individus de cette espèce que nous avons eus à notre disposition avaient été pris avec des *Anemonia sulcata* dans l'avant-port sud de la Joliette. Deux d'entre eux étaient très jeunes; les autres paraissaient adultes et présentaient des caractères assez nets, qui nous ont permis de les rapporter au *Sagartia troglodytes* de Gosse.

La base, un peu étalée, mesure un centimètre environ. La colonne est cylindrique, un peu plus élevée que le diamètre de la base. La distance entre l'extrémité de deux tentacules opposés, l'animal complètement étalé, est de 15 millimètres. La couleur de la colonne est vert-olive, avec des lignes blanches. Des bandes plus claires partent de la base de la colonne et s'élèvent à des hauteurs inégales. Au sommet, les lignes brunes se confondent en une couleur vert sale uniforme.

Les tentacules sont d'un blanc sale, et portent à la base un B incomplètement formé chez les individus adultes, très nettement marqué au contraire chez les jeunes. La base des tentacules est elle-même verte; le disque, qui résulte de leur réunion, est orné de taches blanches disposées en cercle. La bouche est garnie de plis d'un blanc verdâtre.

CALLIACTIS EFFŒTA, Lin., sp.

1767. *Actinia effœta*, Lin., *Syst. nat.*
1825. *Actinia effœta*, Delle Chiaje, *Animali senze vertebre.*
1826. *Actinia effœta*, Risso, *Histoire naturelle de l'Europe méridionale.*
1844. *Actinia maculata*, Contarini, *Trattato dell' Attinie.*
1847. *Actinia parasitica*, Johnston, *Brit. Zool.*
1857. *Adamsia effœta*, Milne Edwards et J. Haime, *Coralliaires.*
1860. *Sagartia parasitica*, Gosse, *Brit. sea Anemones and Corals.*
1879. *Calliactis effœta*, Marion, *Draguages au large de Marseille.*

Le genre *Calliactis* a été établi par Verrill pour des espèces de l'océan Pacifique. Leurs caractères se rapprochent beaucoup de ceux de l'*Adamsia effœta* de M. Milne Edwards et J. Haime.

Ce genre nouveau diffère, d'après Verrill, des autres Sagartiadés par sa base étalée et par la présence d'une seule ligne de verrues perforées, situées dans la région inférieure de l'animal. Verrill considère ce genre comme plus voisin des *Adamsia* que des *Sagartia*, mais les dimensions et la rétractilité complète des tentacules permettent de séparer les *Calliactis* des *Adamsia*. De plus la base des *Calliactis* ne s'étale jamais au point de former ces deux ailes qu'on remarque chez les *Adamsia* vrais. En outre, les particularités anatomiques et histologiques présentées par les *Calliactis* de notre région contribuent à justifier leur place dans un genre particulier.

La colonne lisse, couverte de mucus, est conique quand l'animal s'est contracté, cylindrique quand il est étalé. Elle est très dure, et se laisse nettement couper par le scalpel : on la dirait formée par du tissu cartilagineux. Sa couleur est un peu variable. Elle est souvent rayée et tachetée de brun ou presque noire. La teinte peut être cependant plus claire et n'être interrompue que par quelques taches pourpres.

Elle porte à sa base une série de pores disposés régulièrement sur une ligne circulaire. Ces pores sont percés au centre d'une petite verrue, et laissent échapper en abondance des filaments mésentériques blancs ou roses. La couleur de ces filaments n'a absolument aucune importance spécifique; nous avons vu un même individu émettre des filaments qui tantôt étaient blancs, tantôt étaient roses.

Les tentacules sont courts et nombreux; ils sont ornés de deux lignes brisées parallèles, disposées suivant l'axe.

Le disque est jaunâtre ou orange, quelquefois blanc; les tentacules et l'œsophage ont la même couleur.

Ce *Calliactis* est commun dans nos régions; ses habitudes coloniales, aussi bien que sa forme et sa coloration, nous font penser qu'il pourrait être considéré comme une forme du *Calliactis Polypus* de la mer Rouge décrit et figuré dernièrement par Kluzinger.

ADAMSIA PALLIATA, Bohadsch.

1761. *Medusa palliata*, Bohadsch, *Anim. mar.*
1825. *Actinia carciniopados*, Delle Chiaje, *Animali senze vertebre.*
1826. *Actinia picta*, Risso, *Hist. nat. de l'Europe méridionale.*
1836. *Actinia parasitica*, Dugès, *Ann. sciences nat.*
1844. *Actinia carciniopados*, Contarini, *Trattato dell' Attinie.*
1847. *Adamsia palliata*, Thompson, *Brit. Zool.*, 2e édit.
1857. *Adamsia palliata*, Milne Edwards, J. Haime, *Coralliaires.*
1860. *Adamsia palliata*, Gosse, *Brit. sea Anemones and Corals.*

Cette Actinie, d'une forme si bizarre, est connue des naturalistes depuis fort longtemps. Elle présente des caractères tellement spéciaux, que nous croyons inutile de la décrire ici. Nous nous contenterons de dire qu'elle vit dans le golfe depuis

25 jusqu'à 80 mètres de profondeur, fixée sur de petits Gastéropodes (Natices et *Murex*), dans les prairies de Zostères et dans les fonds vaseux du N. O. Les individus qui habitent plus profondément sont décolorés et présentent une taille plus petite.

PHELLIA ELONGATA, Delle Chiaje, sp.

(Pl. I, fig. 2.)

1825. *Actinia elongata*, Delle Chiaje, *Animali senze vertebre.*

On trouve assez souvent, sur nos côtes et dans les fonds coralligènes, une Actinie dont l'épiderme rude rappelle la peau d'un Siponcle.

Sa rétractilité complète et les filaments mésentériques qu'elle émet, permettent de la rapporter à la famille des Sagartiadés, et plus spécialement au genre *Phellia*. Delle Chiaje a figuré une Actinie qu'il n'accompagne d'aucune description. Sa forme est tout à fait semblable à celle de l'espèce que nous décrivons; aussi lui conserverons-nous le nom d'*elongata* donné par le naturaliste italien, qui lui convient d'ailleurs parfaitement.

La base de cette Actinie est à peine étalée.

La colonne est haute, cylindrique. Chez quelques individus cependant, elle a plutôt la forme d'un tronc de cône renversé. Elle mesure alors un centimètre de diamètre à sa base, et un centimètre et demi à son sommet. Elle est recouverte, excepté à sa partie supérieure, par une couche de mucus qui, en agglutinant les petites particules de sable, lui forme comme un épiderme rugueux, ridé transversalement et parcouru par des sillons longitudinaux. Cette couche factice n'existe pas au sommet de la colonne, où l'ectoderme apparaît sous la forme d'une zone rose carmin. Le bord calicinal est parfaitement continu et se présente sous l'aspect d'une ligne rouge.

Le disque est soulevé en cône et d'une couleur très variable : il est tantôt brun, ou divisé en quatre quartiers, deux noirs et deux blancs, tantôt orangé ou brun vinaigre, ou enfin d'un beau jaune-citron. Quelquefois la bouche est entourée d'un demi-cercle blanc.

Les tentacules sont disposés en quatre cycles inégalement développés, ayant la formule 6, 6, 12, 48. Ceux du cycle externe sont hyalins et tachés de noir; ceux du cycle interne sont le plus souvent fauves. Ces colorations ne nous paraissent avoir aucune valeur spécifique, elles changent réellement avec chaque individu.

Le *Phellia elongata* se présente avec ses caractères les plus nets dans les fonds coralligènes. Sa colonne est alors très longue et très rugueuse; sa taille est petite. A la côte, elle devient plus volumineuse, son épiderme perd en même temps de sa rudesse.

Cette Actinie se fixe de préférence au fond des trous, dans lesquels elle disparaît complètement à l'état de contraction. Il est alors fort difficile de l'apercevoir et de la détacher.

Quelques *Phellia elongata* ont été pris par les pêcheurs au palangre, dans les fonds vaseux, au large de *Planier*, à 100 mètres de profondeur.

Ces individus offraient quelques particularités qui méritent d'être signalées. Le sommet de la colonne, au lieu d'être rose carmin, présentait des bandes alternativement blanches et violettes, correspondant à celles du disque buccal. De plus, deux individus vivant dans un cristallisoir ont perdu, après quelques jours de captivité, cet épiderme factice qui donne à leur colonne une rudesse caractéristique. Celle-ci était alors d'un blanc jaunâtre, avec des bandes complètement blanches, qui ne s'élevaient pas au-dessus du quart inférieur de la colonne.

Les *Phellia elongata* ainsi modifiés ressemblent singulièrement aux espèces du genre *Sagartia*.

M. le professeur Oscar Schmidt, pendant son séjour à Marseille, nous a dit avoir observé cette espèce sur les côtes de la Dalmatie, où elle habite également les anfractuosités des rochers. Il la considérait comme non décrite.

ILYANTHUS MAZELI, nov. sp.

(Pl. II, fig. 5.)

Nous devons à l'obligeance de notre excellent maître, M. le professeur Marion, de pouvoir décrire ici cette espèce recueillie par lui dans les fonds vaseux du nord-est, à 60 ou 80 mètres de profondeur.

Cet Ilyanthidé présente des caractères de nature à faire hésiter entre les trois genres *Peachia*, *Ilyanthus* et *Halcampa*.

Par sa forme il se rapproche des *Peachia* et en diffère par l'absence de tubes gonidiaux. Il se rapproche des *Ilyanthus* par l'absence de pore terminal et par sa colonne lisse, et rappelle les *Halcampa* par sa forme cylindrique, tout en différant de ce genre par l'absence de tubercules et de renflement terminal. Nous croyons cependant, en tenant compte de l'importance relative des caractères, pouvoir rapporter cette espèce au genre *Ilyanthus*.

Comme chez tous les Actiniens, sa forme est très variable et dépend beaucoup de l'état d'extension ou de contraction dans lequel se trouve l'animal. Son disque buccal est conique, de couleur orangé, sillonné de lignes plus foncées, allant de la bouche à la base des tentacules. Ceux-ci sont au nombre de vingt, disposés en deux cycles, blancs avec une tache brune au sommet; ceux du cycle interne sont plus petits que ceux du cycle externe.

La colonne est cylindrique, de couleur rouge orangé, parcourue par des lignes verticales plus claires, qui partent du sommet de la colonne, entre les insertions de deux tentacules du cycle externe. La région pédieuse, plus claire et plus membraneuse, se creuse fréquemment par suite d'un refoulement de l'extérieur à l'intérieur; elle n'est pas adhésive.

Les coupes longitudinales et transversales de la région pédieuse permettent de s'assurer que la dépression située au centre ne correspond pas à un pore véritable.

PALYTHOA ARENACEA, Delle Chiaje, sp.

(Pl. II, fig. 6.)

1825. *Mamillifera arenacea*, Delle Chiaje, *Animali senze vertebre*.
1847. *Zoanthus Couchii*, Johnston, *Brit. Zool.*
1860. *Zoanthus Couchii*, Gosse, *Brit. sea Anemones and Corals*.
1868. *Palythoa arenacea*, Heller, *Die Zoophyten und Echinodermen der Adriatischen Meeres*.
Palythoa Couchii, Fischer, *Actinies des côtes océaniques de France*.

Les colonies de ce Zoanthaire se rencontrent sur les pierres, dans les calanques de la côte de *Pomègue*, et sur les coquilles vides des fonds vaseux. Suivant qu'elles habitent l'une ou l'autre de ces stations, ces colonies prennent des formes qui pourraient les faire considérer comme appartenant à deux espèces distinctes.

Un examen attentif démontre cependant qu'elles se rapportent bien à une seule et même espèce et qu'elles possèdent de nombreux caractères communs.

La colonne est recouverte par une couche de sable agglutiné sous laquelle se cachent quatorze côtes, qui se terminent à leur extrémité supérieure par autant de dents blanchâtres.

Les tentacules sont en nombre double des dents de la colonne, brun jaunâtre très clair, susceptibles de s'allonger considérablement, présentant une pointe effilée et blanche. Le disque est brun, taché près de la bouche par un grand nombre de petits points blancs ; les lèvres sont indiquées par un liséré de même couleur; l'œsophage lui-même est brun comme le disque.

Les colonies de *Palythoa arenacea* de la côte de *Pomègue* (fig. 6 *a*) se présentent sous l'aspect d'une lame presque continue, tapéliforme, brun verdâtre, couverte d'une légère couche de sable fin. Les Polypes, à l'état de contraction, apparaissent comme de petites verrues faisant à peine saillie ; le diamètre de leur colonne ne dépasse pas 3 millimètres ; la hauteur de la colonne est égale aux dimensions de son diamètre.

Les individus qui vivent sur les coquilles vides des fonds vaseux (fig. 6 *b*) sont plus grands. La hauteur de leur colonne dépasse deux ou trois fois les dimensions de son diamètre; elle est brune. Les grains de sable y sont moins visibles. Au lieu d'être fixés sur une lame continue, les Polypes sont adhérents à des stolons radiciformes, ce qui pourrait les faire considérer comme des *Zoanthus*.

PALYTHOA AXINELLÆ, Oscar Schmidt.

Palythoa Axinellæ, Oscar Schmidt.

Les colonies de ce *Palythoa* vivent fixées sur des Spongiaires, et ont été décrites en premier lieu par Esper, qui les considérait comme représentant les organes de ces êtres inférieurs.

Depuis, ils ont été retrouvés par Oscar Schmidt sur les *Axinella cinnamomea* et *verrucosa*. Ce naturaliste a reconnu la véritable nature de ces organismes et les a décrits sous le nom de *Palythoa Axinellæ*. Nous n'ajouterons rien à sa description, si ce n'est que dans nos régions ces *Palythoa* se rencontrent quelquefois fixés sur les Algues encroûtées des fonds coralligènes et conservent néanmoins la coloration fauve des individus qui vivent sur l'*Axinella*.

PALYTHOA MARIONI, nov. sp.

Les caractères spécifiques de ce Zoanthaire ne permettent pas de le rapporter à aucune des formes décrites. Nous croyons pouvoir le considérer comme nouveau, et nous le désignerons sous le nom de *Palythoa Marioni*.

Cette espèce présente les caractères suivants qui paraissent assez fixes.

Les stolons sont courts et étroits. Les colonies sont peu nombreuses et composées seulement de trois ou quatre individus, qui par contre atteignent une grande taille.

La colonne mesure chez quelques individus jusqu'à 15 ou 18 millimètres de hauteur. Elle est munie de côtes à peine visibles, qui se terminent au sommet par dix-huit dents.

La colonne présente une coloration blanche, légèrement teintée de rose; la mince couche de sable qui la recouvre ne lui fait pas perdre toute sa transparence. On distingue en effet une tache orangée, qui n'est autre chose que la masse des filaments mésentériques et des corps reproducteurs.

Le disque est tantôt creusé en godet, tantôt, lorsque l'animal est complètement étalé, disposé en forme de cône; les tentacules sont alors réfléchis sur la colonne.

Les tentacules, au nombre de trente-six, sont courts; leur longueur ne dépasse pas 2 millimètres, même lorsqu'ils sont en extension complète. A demi-étalés, les tentacules apparaissent comme de petits boutons rose pâle.

Les dimensions de ce *Palythoa*, le petit nombre d'individus qui composent ses colonies, et sa transparence, permettent de le distinguer facilement des espèces précédentes.

Les colonies de cette espèce que nous avions à notre disposition avaient été prises à 110 mètres de fond, au sud du phare de Planier; elles étaient fixées, les unes sur des tubes de Serpules, les autres sur une Éponge. Ce *Palythoa* appartient donc à la zone profonde des sables vaseux, dont M. le professeur Marion décrit la faune aux stations n° 1 et n° 2 de ses draguages profonds (1), zone caractérisée par l'*Antedon Phalangium* et le *Lophogaster typicus*.

Grâce au petit nombre de grains de sable qui tapissent la colonne du *Palythoa Marioni*, nous espérons pouvoir nous livrer sur cette espèce à des recherches histologiques que nous avons tentées en vain sur les *Palythoa arenacea* et *Axinellæ*.

CERIANTHUS MEMBRANACEUS, Gmelin.

1825. *Cerianthus cornucopiæ*, Delle Chiaje, *Animali senze vertebre.*
Cerianthus Breræ.
Cerianthus actinoides.
1854. *Cerianthus membranaceus*, J. Haime, *Ann. sc. nat.*, 4e série, t. I.
1860. *Cerianthus Lloydii*, Gosse, *Brit. sea Anemones and Corals.*

Ce Zoanthaire est bien connu depuis la description que J. Haime en a donnée. Les individus que nous avons rencon-

(1) *Annales des sciences naturelles*, t. VIII, nos 2 et 3.

trés sont semblables à ceux que ce zoologiste a observés ; nous n'insisterons donc pas sur leurs caractères spécifiques.

Les Cérianthes de notre région ont des couleurs très variables; leurs nuances vont du violet presque noir à une teinte presque fauve, et ne nous paraissent pas sans relation avec le milieu qu'ils habitent.

Ceux qui vivent dans les petites calanques de *Pomègue* et de *Ratonneau* atteignent une très grande taille. Leur colonne a une couleur violette très foncée ; leurs tentacules ont une teinte analogue et sont ornés d'anneaux d'un beau vert irisé ; le disque et les tentacules du cycle interne sont quelquefois complètement noirs. Les individus habitant les prairies de Zostères plus profondes ont une couleur fauve uniforme. Leurs tentacules ne portent pas ces anneaux que nous avons signalés, et leur taille paraît plus petite.

Zoanthaires sclérodermés aporès.

CARYOPHYLLIA CLAVUS, Sacchi.

Le polypier de cette espèce est bien connu. Nous en avons recueilli plusieurs dans les fonds coralligènes et dans les sables vaseux du N. O., depuis 30 mètres jusqu'au delà du golfe, dans les grandes profondeurs.

Les individus pris dans les fonds du N. O., près de Carry, mesuraient 15 millimètres de hauteur; le grand axe de leur calice ovalaire avait 14 millimètres.

Les *Caryophyllia clavus* sont pris aussi en grand nombre par les pêcheurs au palangre dans les fonds vaseux, à 100 mètres de profondeur, au large de *Planier*.

Les différences présentées par les polypiers sont légères et dépendent de l'âge des individus.

Le Polype lui-même offre des caractères assez fixes. Il est remarquable par les belles taches d'un vert métallique qui bordent son disque buccal. Le calice lui-même, ainsi que les tentacules, est jaune bistre, et présente seulement des différences dans l'intensité des couleurs. Quelques individus étaient même complètement décolorés et tout à fait blancs.

PARACYATHUS PULCHELLUS, Milne Edw. et J. Haime.

Cyathina pulchella, Philips, *Archiv für Nat.*, 1842, p. 42.
Paracyathus pulchellus, Milne Edw. et J. Haime, *Ann. des sc. nat.*, 3e série, 1848, t. IX, p. 321.

Ce polypier se rencontre en dehors du golfe de Marseille, au sud de l'îlot de *Planier*, dans des fonds de 100 à 120 mètres.

Il vit avec les *Caryophyllia clavus*, auxquels il ressemble au premier aspect. Il s'en distingue par ses cloisons presque égales, disposées en quatre cycles, couvertes de granulations et légèrement godronnées sur les bords. Les palis forment une double couronne incomplète ; ils sont aussi moins larges et plus épais. La base est relativement large.

Ce polypier est enfin parfaitement conforme à la description de M. Milne Edwards et J. Haime.

Le Polype diffère de celui des *Caryophyllia* par sa coloration vert sale.

FLABELLUM ANTHOPHYLLUM, Milne Edw. et J. Haime.

Ce Madréporaire se trouve dans les fonds coralligènes de la région E., et dans les graviers vaseux, depuis 30 jusqu'à 70 mètres. Ce polypier est légèrement comprimé, ses côtes sont minces et fragiles.

CLADOCORA CÆSPITOSA, Milne Edw. et J. Haime.

(Pl. II, fig. 7.)

Ils forment dans le voisinage des îles *Pomègue* et *Ratonneau* à 30 mètres de profondeur, de grosses touffes. Leurs Polypes ont été étudiés attentivement par J. Haime. Nous ajouterons cependant, dans la deuxième partie de ce travail, quelques remarques sur l'histologie de cette espèce.

Perforés.

BALANOPHYLLIA ITALICA, Milne. Edw. et J. Haime.

Ce polypier atteint quelquefois des dimensions remarquables (3 centimètres de diamètre; le grand axe de son calice ovalaire mesurant 2 centimètres). Il abonde dans les graviers des fonds coralligènes et dans les sables vaseux, depuis 30 jusqu'à 60 mètres.

BALANOPHYLLIA REGIA, Gosse.

(Pl. II, fig. 8.)

Les caractères présentés par les individus de notre région se rapportent complètement à la description de Gosse.

Le polypier est cylindrique, sa hauteur est très variable. La muraille est poreuse, recouverte par un épithèque qui s'élève presque jusqu'au bord du calice, ne laissant qu'un espace de 1 ou 2 millimètres entre ses limites supérieures et le sommet de la muraille ; quelquefois cependant cet épithèque semble manquer complètement. Le calice est légèrement ovale; son plus grand axe mesure de 7 à 9 millimètres. Les côtes sont fines et serrées.

La columelle est bien développée, spongieuse, semblable à celle du *Balanophyllia italica*. Elle ne fait pas saillie au fond de la fossette. Les cloisons sont moins nettes que chez le *Balanophyllia italica;* elles sont perforées, finement et régulièrement dentées sur les bords et sur les faces. Deux cloisons de chaque système, douze en tout, dépassent de beaucoup les autres en dimensions, et, se réunissant deux par deux, atteignent seules la columelle.

La colonne de ce Zoanthaire est protractile et d'un jaune orangé.

Les tentacules sont au nombre de cinquante environ, capables d'une grande extension, hyalins, garnis de petites verrues jaunes qui sont tout autant d'amas de nématocystes. Ces tentacules peuvent se contracter au point de se réduire en une petite boule jaune.

Le disque est d'une belle couleur orangée.

Tandis que le *Balanophyllia italica* est une espèce des eaux profondes, le *Balanophyllia regia* habite presque exclusivement à la côte. Nous en avons rencontré cependant un individu sur les pierres des fonds coralligènes. Les polypiers de ce type vivent très bien en captivité et nous ont donné des larves vermiformes dont nous avons pu suivre le développement.

Cette énumération des Zoanthaires du golfe de Marseille est évidemment susceptible d'adjonctions futures.

Nous savons que quelques espèces que nous ne mentionnons pas ici ont été recueillies exceptionnellement par M. le professeur Marion. L'une d'elles semblait identique à l'*Aureliana augusta;* une autre ne différait peut-être pas du beau *Cladactis* trouvé par le regretté Paolo Panceri dans le golfe de Naples (1). Nous savons encore qu'il existe dans les régions vaseuses profondes un *Peachia* à longs tentacules. Cette Actinie errante est prise quelquefois par les lignes de fond des pêcheurs de Nice. Nous avons eu plusieurs exemplaires conservés dans l'alcool, mais nous ne possédons pas sur tous ces êtres des observations personnelles assez exactes.

On remarquera, de plus, que nous ne citons aucune Edwardsie : nos recherches pour découvrir les espèces de ce genre ont été jusqu'à ce jour infructueuses. Nous croyons bien qu'un hasard heureux pourra peut-être nous livrer quelques nouveaux types, mais nous sommes certain d'avoir donné dans les pages précédentes l'ensemble des formes les plus ordinaires et qui caractérisent, pour ainsi dire, la faune de nos côtes provençales.

(1) Paolo Panceri, *Intorno a due nuovi Polipi,* Cladactis Costæ *e* Halcampa Claparedii (Napoli, 1869).

DEUXIÈME PARTIE.

HISTOLOGIE.

Avant d'aborder l'histologie des Zoanthaires, nous croyons opportun de résumer en peu de mots l'anatomie de ces êtres.

Le corps d'un Actiniaire correspond, dans une certaine mesure, à la phase embryonnaire connue sous le nom de *gastrea*. Aussi peut-on dire sans exagération que les Actinies sont des *gastrula* individualisées, dont les éléments de l'ectoderme se sont différenciés. Par conséquent, ces animaux sont fort simples.

La forme extérieure de ces êtres est cylindrique : le disque inférieur constitue le pied à l'aide duquel les Actinies se fixent ; le disque supérieur, muni au centre d'une ouverture et portant sur ses bords une couronne de tentacules, forme le plateau buccal. Entre ces deux disques, les parois du cylindre représentent la colonne.

L'ouverture placée au centre du disque buccal est à la fois une bouche et un anus. Ses bords sont, le plus souvent, simples ou plissés, quelquefois munis de tentacules particuliers. Elle fait communiquer, par l'intermédiaire d'un tube droit et large, la cavité mésentérique avec l'extérieur. Cette cavité mésentérique, on le sait, n'est que la cavité gastrique primitive de la larve. Tel est le plan général des Actiniadés.

Les tentacules qui ornent le disque buccal sont disposés en plusieurs cycles, suivant des lois bien connues. Ce sont tout autant de tubes percés d'un pore à leur extrémité libre, communiquant à leur base avec la cavité mésentérique ; ils peuvent être considérés comme de simples refoulements des parois du corps et sont quelquefois très nombreux et très longs. Leur vive sensibilité, leurs mouvements variés, la force avec laquelle ils adhèrent aux objets en contact avec eux, montrent qu'ils possèdent des fonctions multiples. De plus, le pore dont ces tentacules sont percés à leur extrémité indique qu'ils doivent jouer un rôle dans les fonctions respiratoires. Cependant, à cause des cnidocils et des nombreux nématocystes dont ils sont pourvus, on peut les considérer comme étant spécialement chargés de fonctions sensitives comparables au toucher et aussi de la préhension des aliments.

Entre le disque buccal et le disque pédieux, les parois du corps sont formées de trois couches : l'ectoderme, l'endoderme et le mésoderme. Cette dernière constitue la partie profonde de l'ectoderme transformée en tissus fibreux. La surface du corps est souvent complètement lisse ; elle est quelquefois munie à son sommet d'une couronne de bourses chromatophores, qui sont tout autant d'amas de capsules urticantes. D'autres fois la colonne est couverte de verrues, constituant de véritables petits organes glandulaires. La couche ectodermique des *Phellia* sécrète un mucus visqueux ; en se desséchant, le mucus donne à cette Actinie une enveloppe artificielle, considérée par quelques naturalistes comme un épiderme. Chez les Sagartiadés, la colonne est perforée pour le passage de filaments mésentériques.

Les pores de sortie de ces organes ne paraissent pas être permanents chez toutes les espèces. Heider les a recherchés en vain dans les parois du corps du *Sagartia troglodytes*. Cependant, chez le *Calliactis*, ils constituent des canalicules parfaitement distincts, et nous verrons plus loin qu'ils sont même pourvus d'une couche cellulaire. Toutes les Actinies sécrètent un mucus abondant, et le *Cérianthe*, agglutinant les longs filaments de ses nématocystes, se fabrique un tube feutré, dans lequel il se retire à la moindre alarme.

La partie supérieure de la colonne du *Sagartia Bellis* est pourvue de petits organes glandulaires, indiqués par tout autant de taches bleues. A l'aide de ces glandes, le *Sagartia Bellis* se revêt de petits cailloux et de débris de coquilles, qui lui permettent de se dissimuler facilement. La colonne des Zoanthaires est munie de fibres musculaires circulaires, disposées au-dessous de la couche fibreuse. Quelquefois, chez le *Calliactis*, par exemple, des faisceaux de fibres contractiles existent même dans l'épaisseur du mésoderme fibreux et permettent à l'animal de se contracter avec une grande force. Les colorations variées offertes par l'ectoderme de la colonne des Actiniadés sont dues à des granulations pigmentaires dont le siège est fort différent.

Nous avons trouvé du pigment à la base de l'ectoderme, dans le mésoderme, et, ainsi que nous le verrons plus loin, dans la couche endodermique elle-même. L'embryogénie démontre que le tube œsophagien provient d'un refoulement des deux feuillets primitifs de l'embryon; aussi la structure de cette région diffère-t-elle peu de celle des parois du corps.

L'œsophage est plissé longitudinalement, mais ces plis, qui existent chez toutes les espèces, ne nous paraissent pas avoir de fonctions spéciales. Ce tube œsophagien, en partie protractile, paraît destiné à faciliter la préhension des aliments; il est maintenu par les cloisons qui s'étendent entre lui et les parois du corps.

Il est fort difficile de se faire, par la dissection, une idée exacte de la disposition des lames mésentéroïdes (1) et des organes de la cavité mésentérique. Les coupes d'ensemble conduisent à de bien meilleurs résultats, et, en les faisant à des hauteurs différentes, on peut étudier la structure de ces lames et l'ordre qui préside à leur disposition. Chacune d'entre elles est essentiellement constituée par une lame fibreuse, recouverte sur chacune de ses faces d'une couche de fibres musculaires longitudinales et tapissée par l'endoderme. De plus, chaque lame mésentéroïde porte, sur une de ses faces, un renflement qui s'étend avec elle, depuis le disque buccal jusqu'au disque pédieux, et qui constitue une sorte de faisceau fibromusculaire formé par les replis de la cloison. Ces muscles

(1) Nous employons de préférence la dénomination de *lames mésentéroïdes* pour désigner les replis de la cavité du corps des Zoanthaires, à cause de la confusion à laquelle pourrait donner lieu le terme de cloison. Cette dénomination est en effet employée par quelques naturalistes, pour désigner les replis fibro-musculaires de la cavité mésentérique et les lames calcaires des polypiers. Nous savons cependant, d'après les belles recherches de M. le professeur de Lacaze-Duthiers que les cloisons molles des Malacodermés et les cloisons calcaires des polypiers ne sont nullement des parties homologues.

longitudinaux constituent un système contractile d'une grande puissance, et leur action, combinée avec celle des muscles circulaires de la colonne, permet aux Actinies de rétracter avec facilité leurs nombreux tentacules. Chaque lame mésentéroïde est en rapport, par son bord externe, avec les parois du corps, et par la partie supérieure de son bord interne avec l'œsophage.

La partie inférieure de ce même bord est garnie d'un filament et flotte librement dans la cavité mésentérique. Les plus anciennes de ces lames mésentéroïdes atteignent seules l'axe du corps ; ce sont celles que Heider appelle complètes. Les autres sont beaucoup plus petites et situées entre celles qui sont entièrement développées. Toutes sont disposées par paires et portent leur faisceau fibro-musculaire sur leurs faces homologues.

Les filaments mésentériques qui bordent les lames mésentéroïdes sont de plusieurs sortes, ainsi que Hollard l'avait déjà reconnu et figuré. Quelques-uns sont communs à toutes les espèces et portent un épithélium vibratile très puissant, au-dessous duquel on remarque un amas pigmentaire qui pourrait bien jouer un rôle important dans la digestion, et justifier ainsi en partie le nom de cæcum hépatique donné par Hollard. Ces filaments sont complètement dépourvus de nématocystes.

Les autres, surtout propres à la famille des Sagartiadés, diffèrent des précédents par leur structure et probablement aussi par leurs fonctions. Les coupes transversales permettent de voir qu'ils sont formés d'une couche externe presque complètement constituée par des nématocystes. Au-dessous existe une zone granuleuse, et enfin un axe fibreux par lequel ces petits organes adhèrent à la cloison. Ces filaments mésentériques doivent se reproduire avec une grande rapidité, mais il est fort difficile de se faire une idée exacte de leur mode de formation, et c'est en vain que nous avons examiné dans ce but un grand nombre d'individus.

Les organes de la reproduction naissent dans l'épaisseur de la couche fibreuse des lames mésentéroïdes et dans la partie située entre le filament et le faisceau fibro-musculaire. Ils apparaissent au fond de la cavité mésentérique sous la forme de lobes juxtaposés ou de cordons en forme d'S, blancs ou jaunâtres suivant le sexe. A l'exception du *Cérianthe*, nous n'avons trouvé dans aucun cas les éléments mâles et femelles réunis sur le même individu; si les Actinies sont hermaphrodites, elles produisent successivement les éléments mâles et les éléments femelles.

Il résulte de ce rapide exposé que, dans nos recherches histologiques sur les Zoanthaires, nous serons forcé de procéder par régions, ne pouvant faire une histologie d'organes chez des animaux réduits à un simple appareil gastro-vasculaire.

Nous adoptons, dans cette étude, les termes employés par nos prédécesseurs, et examinons successivement les tissus des tentacules, du disque buccal, du tube œsophagien, de la colonne, du disque pédieux, des lames mésentéroïdes et des organes de la reproduction, dans les divers genres qui nous ont présenté des particularités anatomiques notables.

Moyens d'observation.

En histologie, le résultat obtenu varie bien souvent avec les moyens employés. Aussi croyons-nous devoir dire un mot sur les méthodes que nous avons suivies, afin de permettre le contrôle de nos observations.

L'anatomiste qui étudie les tissus des Vertébrés trouve dans les traités techniques des guides sûrs qu'il peut consulter en toute confiance.

Il n'en est malheureusement pas ainsi du zoologiste qui se livre à des recherches spéciales sur les animaux inférieurs. Il s'aperçoit bientôt que les moyens conseillés par les auteurs classiques sont le plus souvent insuffisants, qu'il doit se créer lui-même une méthode, et chercher, parmi les réactifs usités en histologie, ceux qui lui paraissent les meilleurs.

Nous avons mis en usage, pour nos recherches, l'observation des tissus vivants, les coupes et les dissociations. Le premier de ces procédés paraît primitif; il est quelquefois le seul qui donne cependant de bons résultats et qui permette de vaincre certaines difficultés.

Ainsi cette méthode a pu seule nous faire distinguer, dans certains cas, les cils vibratiles des cnidocils. Ces éléments offrent de grandes analogies, et diffèrent plutôt par leurs fonctions que par leur aspect. On sait combien est grande la délicatesse de certains éléments vibratiles.

Les réactifs fixateurs les plus sûrs ne permettent pas toujours, à notre avis, d'affirmer sur les coupes la présence ou l'absence de ces cils.

L'observation des cellules vivantes lève toute espèce de doute.

Les coupes sur des pièces fraîches présentent beaucoup de difficultés.

Les tissus des Actinies exigent l'action des réactifs durcissants. Parmi eux, l'alcool absolu, conseillé par Claparède pour l'étude des Annélides, nous a donné quelquefois de bons résultats. Cependant son action n'est pas toujours suffisante, et nous avons dû la compléter par celle de l'acide picrique et de la gomme. Ce moyen classique n'est bon que pour les tissus fibreux et musculaires; il ne gêne pas la coloration, mais il perd beaucoup de sa valeur, quand on veut étudier en même temps les couches cellulaires. Les éléments de l'ectoderme et de l'endoderme sont réduits en une bouillie granuleuse, de laquelle toute forme cellulaire a complètement disparu. Il est donc indispensable de faire précéder l'action de l'alcool de celle d'un réactif fixateur : l'acide osmique est le seul qui nous ait donné des résultats satisfaisants.

Nous avons employé des solutions différentes, suivant le but que nous voulons obtenir. Celle qui nous a surtout servi était à la dose de un demi pour 100. Ce réactif fixe parfaitement les éléments dans leur forme; mais son action ne doit pas être trop prolongée, ni la solution être trop concentrée. L'acide osmique a l'inconvénient de gêner beaucoup la coloration, et même, en laissant agir le picrocarmin pendant vingt-quatre heures, nous n'avons obtenu que des résultats incomplets. Aussi, renonçant bientôt à ces tentatives, avons-nous monté directement dans la glycérine les coupes faites sur des pièces traitées par l'acide osmique.

Nous avons essayé, sans obtenir de bons résultats, le chlorure d'or et le nitrate d'argent. Le premier de ces réactifs donne aux tissus une fermeté suffisante pour qu'on puisse y faire des coupes, mais les éléments sont moins nets qu'après l'action de l'acide osmique, et de plus nous n'avons pas remarqué une action élective spéciale. Nous regrettons beaucoup de n'avoir pu employer le nitrate d'argent, mais l'eau de mer qui imbibe le corps des Actinies rend son action tout à fait inefficace. Le chlorure d'argent qui se forme immédiatement enlève aux préparations toute netteté.

L'acide chromique en solution faible, employé, soit seul, soit mélangé à l'acide osmique d'après la formule de Fleisch, nous a donné de bons résultats. Nous nous en sommes servi surtout pour les pièces de petites dimensions, comme les lames génitales du *Cérianthe;* après deux ou trois jours de macération, les tissus avaient acquis une consistance suffisante pour les coupes.

Nous avons engagé les pièces durcies dans la moelle de sureau ou dans la cire. Suivant leur volume, nous les avons coupées au microtome ou à main levée.

Le picrocarmin, l'hématoxyline, l'éosine et la purpurine nous ont servi à colorer les coupes. Les deux premiers de ces réactifs nous ont surtout donné de bons résultats, aussi les avons-nous employés à peu près exclusivement. Nous avons essayé de préparer l'éosine hématoxylique suivant la méthode de Renaut, mais nous n'avons pas pu obtenir un liquide dans lequel l'hématoxyline ne se précipitât pas ; nous le regrettons vivement : les résultats fournis par ce réactif colorant semblent mériter l'attention des histologistes.

Les coupes ont été montées, suivant les cas, dans la glycérine pure, soit salée, soit picrocarminée, ou dans le baume du Canada.

Pour les études d'embryogénie, nous avons mis en usage la

méthode que nous avons vu employer au laboratoire de Marseille par le professeur Kowalevsky, d'Odessa. Nous avons traité les larves vivantes par l'acide chromique en solution faible, soit seul, soit mélangé à l'acide osmique et après deux ou trois jours de macération, nous les avons engagées dans la cire et montées ensuite dans le baume du Canada. Cette méthode nous ayant donné de bons résultats, nous n'avons pas essayé le procédé par le collodion, conseillé par Mathias Duval.

A l'aide des coupes, on apprécie plutôt les rapports des éléments que leur forme. Pour acquérir sur leur structure des notions exactes, il faut avoir recours aux dissociations. Nous avons essayé dans ce but la plupart des liquides recommandés dans les traités d'histologie, tels que l'alcool au tiers, l'acide acétique, l'acide azotique en solution faible, et l'eau salée; aucun de ces réactifs ne permettait une dissociation facile. Les uns altéraient les cellules; les autres n'arrivaient pas à dissoudre le mucus, qui constitue la plus grande difficulté pour séparer les éléments des Actinies. Le sérum iodé nous aurait probablement donné de meilleurs résultats, mais nous n'avons pas pu nous en procurer dans des conditions convenables. Nous avons eu recours, avec beaucoup plus de succès, à l'acide chromique en solution très faible, au bichromate d'ammoniaque à la dose de 1 pour 200. Après un mois de macération dans 200 grammes de ce liquide, les éléments se séparent le plus souvent sans grande difficulté, et ils sont en parfait état de conservation.

Nous avons pu les colorer par le picrocarmin d'une manière suffisante pour nous faire une idée exacte de leur structure.

Nous avons essayé les injections interstitielles, mais sans aucun succès, à cause du peu d'épaisseur de la couche fibreuse des parois du corps chez les Actinies.

Nous avons dissous le polypier des Sclérodermés par l'acide picrique, et nous avons employé, pour l'étude de ces Zoanthaires, les réactifs que nous venons de signaler.

Quelques Zoanthaires, tels que les *Palythoa*, ont opposé à nos recherches des difficultés que nous n'avons pu vaincre;

elles sont dues aux grains de sable qui incrustent leur colonne. Aucun des moyens usités en histologie n'a réussi à les faire disparaître.

ANEMONIA SULCATA.

TENTACULES. — L'*Anemonia sulcata*, par la facilité avec laquelle on peut se le procurer, s'offrait à nous comme un type favorable aux études histologiques. L'absence de rétractilité dans ses tentacules, la facilité et la ténacité avec laquelle ces organes adhèrent aux objets qui entrent en contact avec eux, leur vive sensibilité, nous laissaient entrevoir des particularités intéressantes; aussi est-ce vers eux que notre attention s'est surtout portée. Ces tentacules sont ordinairement simples; nous avons cependant rencontré quelques individus chez lesquels ils étaient anormalement bifurqués à leur extrémité (pl. 3, fig. 9).

D'autres étaient soudés au milieu de leur longueur, séparés à leur extrémité et à leur base, mais ces faits sont exceptionnels.

Après l'action de l'acide osmique, nous les avons soumis à des coupes transversales et longitudinales ; nous avons reconnu qu'ils étaient formés de trois couches : un ectoderme et un endoderme également développés, séparés par un mésoderme fibreux et musculaire.

L'ectoderme mesure 12 centièmes de millimètre. Il paraît légèrement strié; l'aspect différent qu'il présente, suivant qu'on examine les coupes transversales ou longitudinales, est dû aux prolongements fibreux du mésoderme.

Nous ne pouvons, à l'exemple de Hollard, distinguer dans cette couche tégumentaire plusieurs plans nettement séparés; les éléments qui la constituent, existent aussi bien à sa surface que dans sa profondeur. Nous voyons cependant, à son bord libre, une mince zone complètement distincte des éléments sous-jacents, mais on ne peut la considérer comme une couche organisée : elle est due simplement à l'agglutination des cils vibratiles par du mucus.

Au-dessous de cette zone artificielle, les éléments les plus nombreux sont les nématocystes, qui se présentent sous trois aspects différents (pl. 3, fig. 12 *a* et *b*) : les uns contiennent encore leur fil enroulé en spirale, les autres en sont dépourvus ; d'autres enfin, coupés en travers, apparaissent comme de gros points noirs. Ces capsules urticantes sont cylindriques, très longues, à fil régulièrement enroulé : celles qui sont vides apparaissent comme des bâtonnets hyalins, et l'on pourrait, à l'exemple de Rotteken, les prendre pour des corps réfringents. On retrouve des éléments semblables jusque dans la partie profonde de l'ectoderme.

En isolant ces éléments, on peut se rendre compte de leur mode de formation (pl. 3, fig. 12 *a*). Ils naissent dans de petites cellules le plus souvent ovales, avec un prolongement basilaire, cellules qui se rencontrent en grand nombre dans les dissociations. Au milieu du protoplasma granuleux, on distingue un gros noyau, et un petit bâtonnet qui n'est autre chose que le jeune nématocyste. En examinant plusieurs de ces cellules, on voit le protoplasma disparaître peu à peu, le nématocyste s'accroître et son fil devenir de plus en plus distinct. Bientôt il persiste seul, enveloppé de la membrane cellulaire au milieu de laquelle il a pris naissance. A l'aide du même procédé, on peut pénétrer la structure intime de ces éléments. On voit qu'ils se composent de deux parties distinctes, la capsule et le fil. Le fil est tantôt encore contenu dans la capsule, tantôt déroulé ou même absent. La capsule est cylindrique, hyaline, vide de tout contenu protoplasmatique ; elle paraît être de nature chitineuse ; elle se colore fortement par l'acide picrique et la solution iodée. Le fil est long, disposé en spirale, finement barbelé à sa base.

Les capsules urticantes sont loin de constituer à elles seules la totalité des éléments de la couche ectodermique. On distingue en effet, en moins grand nombre il est vrai, des cellules de nature évidemment glandulaire (pl. 3, fig. 10 et 11 *g*). Elles sont fusiformes ou cylindriques, quelquefois bilobées, et s'étendent de la surface de l'ectoderme, où elles viennent s'ouvrir, jusqu'au mésoderme, avec lequel elles sont en contact, à l'aide d'un prolongement basilaire.

Nous n'avons jamais rencontré ces éléments glandulaires des tentacules en aussi grand nombre que chez l'*Anemonia sulcata*. L'aspect de leur contenu est fort variable. Il est tantôt fortement, tantôt à peine granuleux. Ces cellules sont quelquefois complètement vides, et apparaissent alors comme des espaces hyalins nettement limités.

Dans les dissociations, on retrouve ces éléments, avec les formes que nous avons déjà décrites; quelques-uns d'entre eux sont bilobés (pl. 3, fig. 13 *g*): leur contenu, coloré en jaune orangé par le picrocarmin, est plus fortement granuleux à la base de la cellule qu'à son extrémité libre. Le prolongement basilaire est formé par la membrane d'enveloppe. Il présente le plus souvent un renflement d'aspect variable. Tantôt c'est un petit amas granuleux, tantôt il est comparable à un petit globule de graisse et résiste à l'action des réactifs.

Outre les nématocystes et les glandes unicellulaires, l'ectoderme des tentacules possède encore des éléments particuliers peu distincts chez cette espèce, difficiles à apercevoir sur les coupes (pl. 3, fig. 14), mais qui se retrouvent en grand nombre dans les dissociations. Ils sont comparables aux éléments décrits comme sensitifs par Korotneff, dans les bourses chromatophores de l'*Actinia equina* et dans les tentacules de la Lucernaire. Les renflements protoplasmatiques sont très nets et moins volumineux, mais le cnidocil lui-même est absent. Nous avons cependant aperçu quelques-unes de ces cellules qui portaient un renflement terminal très net et en forme de cône. A cause de leur délicatesse, ces éléments sont le plus souvent incomplets; il nous serait difficile de leur assigner une fonction, si nous n'avions pas retrouvé leurs analogues dans l'ectoderme d'autres espèces.

Au-dessous de l'ectoderme, on voit nettement une zone épaisse qui, sur les coupes à l'acide osmique, paraît parfaitement homogène (pl. 3, fig. 10 et 11 *f*). Son aspect est différent, suivant qu'on examine les coupes transversales ou longitudinales. Dans le premier cas, son bord externe paraît comme frangé. Cet aspect est dû aux nombreux prolongements que le mésoderme envoie dans l'ectoderme sous forme de lames longitudinales rayonnantes, servant de soutien aux éléments de cette couche épithéliale. Dans le second cas, les bords externes de cette zone sont nettement limités. Les coupes seules ne permettent pas de se faire une idée juste de la nature du tissu qui constitue cette zone, et, à voir l'absence presque complète de noyaux, on serait porté à la considérer comme une membrane élastique. Après l'action de l'alcool, on peut dilacérer cette couche; on voit alors qu'elle est formée par des fibrilles de tissu conjonctif très nettes et colorées fortement par le carmin. Sur les préparations de tentacules n'ayant pas subi l'action de l'acide osmique, on peut voir ces fibrilles apparaître également par l'action du picrocarmin. Le système musculaire se rattache au mésoderme; il se compose de deux couches contractiles, une de fibres longitudinales externes, et une autre de fibres circulaires internes. Sur les coupes longitudinales, on voit, le long du bord externe de la zone conjonctive, quelques fribrilles plus fortement colorées par les réactifs et à contours très nets. Elles constituent le plan de fibres musculaires longitudinales. Elles se retrouvent, sur les coupes transversales, sous la forme d'une série de points noirs qui suivent toutes les sinuosités de ce bord externe. Sur le bord interne de la même zone, on distingue, sur les coupes transversales, une ligne plus foncée, qui est une fibre musculaire circulaire interne. Les coupes longitudinales montrent cette couche musculaire sous la forme d'une ligne de petits points noirs. Il nous a été impossible d'obtenir de bonnes préparations de ces éléments musculaires. Isolés, ils se confondent, grâce à leur petit volume, avec les éléments fibreux.

L'endoderme est remarquable, chez l'*Anemonia sulcata*, par son épaisseur, égale à celle de l'ectoderme (11 centièmes de millimètre), et par les corpuscules de pigment qui entrent dans sa composition (pl. 3, fig. 11, *en*). On pourrait y distinguer deux couches nettement tranchées, la première contenant les gros corps pigmentaires, l'autre formée par des cellules vibratiles. Cependant un examen attentif démontre que ces deux zones se confondent en une seule ; on peut même les considérer comme représentées par une seule couche de cellules. Il semble d'abord, quand on examine une coupe, soit longitudinale, soit transversale, que chaque corpuscule de pigment soit contenu dans une cellule particulière; mais bientôt on voit que tous ces corps pigmentaires sont régulièrement disposés en ligne perpendiculaire au mésoderme et séparés les uns des autres, non par une enveloppe distincte, mais par un simple étranglement qui les isole incomplètement; de sorte qu'en réalité plusieurs de ces corpuscules, huit ou dix, sont contenus dans une seule et même cellule très longue, en forme de boyau, disposée perpendiculairement au mésoderme et vibratile à sa pointe interne.

Les corpuscules pigmentaires sont très volumineux, à bord nettement tranché, de couleur orangée, mais fortement teintés en noir, à la manière des vésicules adipeuses, par l'acide osmique. Ces corpuscules disparaissent complètement au bord interne de l'endoderme. Ils sont remplacés par un amas de protoplasma très légèrement granuleux, avec un noyau peu distinct. Les cils vibratiles sont longs et peu nombreux.

L'*Anemonia sulcata* est la seule espèce chez laquelle nous avons rencontré un endoderme aussi épais et avec des corpuscules de pigment aussi volumineux et aussi nets.

Ces tentacules manifestent une vive sensibilité : il suffit d'en pincer un légèrement, pour le voir se contracter rapidement et se réduire au quart de sa longueur; mais en même temps cette contraction reste isolée et ne s'étend pas aux autres tentacules, qui conservent leur longueur primitive, sans paraître impressionnés par la sensation éprouvée par l'un d'eux. Ce fait nous semble propre à démontrer l'absence d'un système nerveux central chez les Actinies.

Disque buccal et tube œsophagien. — Une coupe radiale de la base nous a permis d'observer à la fois la structure du disque buccal et du tube œsophagien, dont nous avons complété l'étude par des coupes transversales (pl. 3, fig. 15). Le plateau buccal présente les trois couches fondamentales que nous avons signalées dans les tentacules. L'ectoderme lui-même a, avec celui de ces organes, de grandes analogies; les nématocystes y sont seulement en moins grand nombre; ils ont d'ailleurs des caractères identiques à ceux que nous avons déjà décrits. Les éléments glandulaires s'y retrouvent également souvent représentés par de simples espaces hyalins. Au milieu de ces éléments, on distingue aussi des cellules sensitives, dont le cnidocil se confond avec la zone artificielle qui limite extérieurement l'ectoderme.

La zone ectodermique acquiert, chez quelques individus, une épaisseur remarquable $0^{mm},45$. En se rapprochant de la lèvre, la proportion des éléments qui constituent cette région se modifie, le nombre des nématocystes diminue, en même temps apparaissent des éléments glandulaires particuliers, que nous n'avons retrouvés que dans l'œsophage.

La transition entre l'ectoderme du disque buccal et celui du tube œsophagien se fait insensiblement; la limite qui les sépare n'est pas indiquée par la présence d'aucun organe essentiel. Au-dessous de l'ectoderme, le mésoderme se présente avec des caractères histologiques plus nettement fibreux; les noyaux y sont très nets, même sur les coupes à l'acide osmique : il présente de plus, avec la région voisine, des rapports différents de ceux que nous avons signalés pour le mésoderme des tentacules (pl. 4, fig. 17). Il n'envoie pas dans l'ectoderme les prolongements que nous avons décrits dans les tentacules; mais son bord interne, au lieu d'être rectiligne, présente sur les coupes une série de festons correspondant à des plis circulaires, dont toutes les anfractuosités sont tapissées par une couche de fibres musculaires représentées sur les coupes verticales par des points très nets. L'endoderme présente ici les mêmes caractères que dans les tentacules.

Le tube œsophagien est régulièrement plissé suivant sa longueur (pl. 4, fig. 18). Sur les coupes transversales, on voit que chacun de ces plis est représenté par un lobe très net, formé par l'ectoderme et le mésoderme. Au niveau de chacun de ces lobes, le mésoderme envoie à travers l'ectoderme un prolongement fibreux qui n'est autre que le bord interne des cloisons. Celles-ci sont ainsi, chacune, en continuité avec un pli du tube œsophagien; inférieurement, elles se terminent librement, bordées par un filament mésentérique.

A ce propos, nous ferons remarquer que chacun des filaments qui bordent les lames mésentéroïdes dans la cavité mésentérique, correspond par conséquent à un pli du tube œsophagien; on pourrait donc considérer ce dernier comme résultant de la soudure du bord interne des lames mésentéroïdes, si l'embryogénie et l'histologie ne démontraient pas que l'œsophage a, par son origine et sa structure, des rapports bien plus grands avec les parois du corps. Chacun de ces plis présente donc à étudier un ectoderme et un mésoderme. On retrouve, dans l'ectoderme, les éléments supposés sensitifs déjà signalés ; les nématocystes en sont presque complètement absents; il en est de même des glandes, dont le contenu granuleux est remplacé par un protoplasma fortement coloré par l'osmium. Ces éléments nous paraissent caractéristiques de l'œsophage; non-seulement ils n'existent chez l'*Anemonia sulcata* que dans cette seule région, mais ils se retrouvent sur d'autres espèces dans le même organe.

Le mésoderme se présente ici avec une structure aussi nettement fibreuse que dans le disque buccal; il est surtout développé dans la partie centrale des plis ou lobes; il y forme un tissu plus lâche, mais il diminue d'épaisseur et d'importance dans l'espace intermédiaire, où il n'est plus représenté que par une couche aussi mince que le plan musculaire sous-jacent, qui, par ses fibres circulaires, constitue seul la zone contractile du tube œsophagien.

Les corpuscules de pigment si volumineux, que nous avons signalés dans l'endoderme des tentacules du disque buccal, et que nous retrouverons dans les parois du corps, manquent dans l'œsophage, où cette couche est souvent réduite en bouillie, même après l'action de l'acide osmique. Aussi est-il à peu près impossible d'observer la forme des cellules qui la constituent. Nous remarquons seulement de nombreux corpuscules, fortement colorés par l'acide osmique, de forme et de dimensions diverses, ne rappelant en rien, ni par leur aspect, ni par la teinte produite par les réactifs, les corps pigmentaires des tentacules, qui, par leurs caractères nettement tranchés et réguliers, constituent des éléments faciles à reconnaître. Le bord interne de cette couche est aussi souvent incomplet, et il fait quelquefois défaut sur les coupes imparfaites. Ces difficultés montrent au moins que les éléments endodermiques sont ici d'une grande délicatesse.

PAROIS DU CORPS. — *Lames mésentéroïdes* (pl. 3, fig. 16). — On rencontre dans les parois du corps la même disposition de couches que dans les autres régions. L'ectoderme présente cependant des caractères spéciaux qui ne se retrouvent pas ailleurs; les nématocystes sont très rares, et les éléments glandulaires sont représentés seulement par quelques espaces hyalins. On distingue au contraire de nombreuses fibrilles, disposées perpendiculairement au mésoderme, munies chacune d'un ou de plusieurs renflements protoplasmatiques. Ces parties se retrouvent en grand nombre dans les dissociations, et elles paraissent constituer la grande majorité des éléments de l'ectoderme.

Au-dessous, le mésoderme se présente avec un caractère nettement fibreux ; son bord interne possède cette série de festons correspondant à autant de plis circulaires, que nous avons déjà signalés dans le mésoderme du disque buccal. La couche des fibres circulaires internes, qui constitue à elle seule tout le système musculaire de la colonne, en tapisse toutes les sinuosités. L'endoderme se présente ici avec les mêmes caractères que dans le disque buccal, et dans les tentacules les corpuscules de pigment y sont presque aussi volumineux et aussi nets.

Les replis mésentéroïdes prennent leur origine dans le mésoderme fibreux; l'ectoderme en est complètement indépendant ; ils sont recouverts, sur chacune de leurs faces, par une couche de fibres musculaires longitudinales qui acquièrent ici peu d'importance. L'endoderme recouvre les lames mésentéroïdes.

Les organes de la reproduction prennent naissance dans une sorte de dédoublement du mésoderme ; les sexes sont séparés et se distinguent par des différences de coloration.

ACTINIA EQUINA.

TENTACULES. — On trouve ici, comme dans toutes les Actinies, les trois couches fondamentales que nous avons décrites chez l'espèce précédente. L'ectoderme mérite surtout de fixer notre attention. Nous l'avons étudié à l'aide des coupes et des dissociations. Les coupes montrent que son bord externe est hérissé de cnidocils semblables à ceux des bourses chromatophores. Au-dessous on distingue de nombreux nématocystes cylindriques à fil enroulé en spirale (pl. 5, fig. 28). La base de l'ectoderme est moins nette ; il est difficile de se faire une idée exacte des cellules qui la constituent et de leurs fonctions. Les dissociations font voir que l'ectoderme possède d'autres éléments histologiques du plus grand intérêt ; mais à cause de leur importance, nous préférons les décrire avec les éléments de même nature qui existent dans les parois du corps.

PAROIS DU CORPS. — Chez l'*Actinia equina*, et probablement chez toutes les Actinies, l'épaisseur des parois du corps varie suivant l'âge. Les chiffres suivants montrent combien on doit tenir compte de la taille des individus. Chez une Actinie de petite taille, adulte, l'ectoderme mesure 0,03 de millimètre ; le mésoderme fibreux et musculaire, 0,055 de millimètre. Chez une Actinie de grande taille, l'ectoderme avait 0,11 de millimètre, le mésoderme fibreux et musculaire $0^{mm},49$. Les figures 19 et 20 de la planche 4 montrent, sous des grossissements inégaux, l'aspect différent que prend l'ensemble des couches, suivant l'âge des individus. La structure de l'ectoderme se modifie en même temps, mais les éléments qui le constituent, restent les mêmes. Ceux qui attirent d'abord l'attention par leur nombre et la netteté de leurs contours sont des cellules ovales ou en forme de massue à contours hyalins ou fortement granuleux, le plus souvent dépourvues de noyaux. Sur les coupes de l'ectoderme d'une Actinie de grande taille, elles apparaissent comme des espaces vides (pl. 4, fig. 21 *g*). Entre ces éléments de nature glandulaire, on voit des cellules allongées, plus fortement colorées par l'acide osmique, dont l'extrémité libre est aplatie et porte un revêtement de cils vibratiles, que leur nombre et leur finesse ne permettent pas de confondre avec des cnidocils (pl. 4, fig. 21 *v*). La partie profonde de la couche cellulaire externe se présente avec l'aspect granuleux caractéristique ; l'épaisseur de cette couche semble augmenter avec l'âge des individus, mais la nature des éléments qui la constituent n'en devient pas plus facile à comprendre. On distingue un aspect vaguement fibrillaire et des noyaux très fortement colorés par l'osmium ; les granulations deviennent plus nombreuses et plus visibles près du mésoderme, mais il nous a été impossible de distinguer aucune forme cellulaire. La macération pendant un mois, dans le bichromate d'ammoniaque à la dose de 1 pour 200, nous a permis d'obtenir par la dissociation des éléments en parfait état de conservation. Nous notons d'abord une absence complète de capsules urticantes, et nous remarquons une grande abondance de cellules munies à leur base d'une fibrille, et qui rappellent complètement par leur aspect les éléments de même nature qui ont été vus chez l'Hydre, d'abord par Kleinenberg, ensuite par Korotneff et divers autres observateurs (pl. 4, fig. 24 à 26).

Chacun de ces éléments se compose d'une cellule et d'une fibrille fusiforme très réfringente, dépourvue de noyau et se colorant très fortement par les réactifs. La portion cellulaire possède un protoplasma granuleux avec un ou deux noyaux très apparents. La fibrille est tantôt courte, à peine visible, se confondant presque avec le protoplasma cellulaire ; d'autres fois au contraire elle est très longue, effilée aux deux bouts, apparaissant comme une formation tout à fait indépendante du protoplasma. La cellule diminue de plus en plus d'importance, et finit par devenir comme une annexe de la fibrille. Ces éléments sont alors semblables à celui qui est figuré par Schulze (1), à propos de l'Hydraire *Spongicola fistularis*.

Dans les tentacules, ces éléments se présentent sous un aspect encore plus curieux. Les parties qui les constituent sont nettement séparées (pl. 5, fig. 30 et 31). Chacun d'eux se compose d'une cellule volumineuse, en forme de massue, entourant un protoplasma granuleux, coloré en rose par le picrocarmin ; l'enveloppe de la cellule forme une sorte de pédoncule, par l'intermédiaire duquel elle est mise en rapport avec une fibrille courte dépourvue de noyaux. Nous ferons remarquer que, dans les tentacules, la cellule est toujours très volumineuse et la fibrille très courte ; de plus, ces deux parties sont toujours nettement séparées.

La forme que nous venons de décrire, est celle qui se rencontre le plus souvent, mais elle n'est pas la seule. Les cellules épithélio-musculaires se présentent quelquefois avec des aspects encore plus remarquables. La base amincie de la cellule, au lieu d'être directement en contact avec la fibrille, présente un ou deux renflements variqueux, contenant quelques granulations de protoplasma (pl. 5, fig. 30 *cb*).

Ces éléments prennent alors un aspect qui rappelle le schéma n° 2 et n° 3 donné par Ranvier dans son traité sur l'*Histologie du système nerveux*. Nous n'avons pas la prétention de croire qu'ils correspondent à l'état figuré par l'éminent histologiste, et que le petit renflement intermédiaire à la cellule et à la fibre constitue une cellule nerveuse. Nous pensons plutôt que les éléments que nous avons observés représentent simplement une forme bizarre de cellules épithélio-musculaires digne d'être signalée, sans que les particularités de leur structure permettent de leur attribuer des fonctions spéciales.

Kleinenberg (2) est le premier naturaliste qui ait vu des élé-

(1) Franz Eilhard Schulze, *Spongicola fistularis* (*Archiv für mikroskopische Anatomie*, 1877).

(2) Kleinenberg, *Hydra*, 1872.

ments de la nature de ceux que nous avons décrits ; il les avait observés dans l'ectoderme de l'Hydre, et il en a donné une description qui a été rectifiée depuis par Korotneff. Il avait cru que les cellules de l'ectoderme portaient à leur base un ou plusieurs prolongements protoplasmatiques, un peu plus réfringents, mais ne constituant pas des fibrilles distinctes ; de plus, il pensait que ces éléments remplissaient des fonctions spécialement neuro-musculaires. Korotneff (1) a répété les observations de Kleinenberg, et il est arrivé à des résultats semblables à ceux que nous venons d'exposer. Il considère les prolongements basilaires comme formés par des fibrilles parfaitement distinctes, et il ne croit pas que ces éléments méritent le nom de neuro-musculaires, qui leur a été donné par Kleinenberg. Les observateurs ayant eu l'occasion de voir des éléments analogues à ceux de l'ectoderme de l'Hydre ou des Méduses en ont donné une description semblable à celle de Korotneff. Nous partageons complètement leur manière de voir. Nous croyons qu'on doit considérer ces cellules ectodermiques comme des éléments dans lesquels les fonctions épithéliales et sensitives sont encore confondues, et susceptibles de donner naissance à des fibres musculaires. Il serait en effet difficile d'admettre, ainsi que pourrait le laisser croire l'opinion de Kleinenberg, que des fibrilles musculaires peuvent se développer aux dépens d'une cellule nerveuse. Aussi préférons-nous désigner ces éléments contractiles sous le nom de cellules épithélio-musculaires, qui nous paraît bien propre à indiquer l'origine et les fonctions de ces éléments de l'ectoderme.

Les éléments glandulaires se rencontrent en grand nombre dans les dissociations (pl. 4, fig. 22) ; ils ont une forme ovalaire ou parfaitement sphérique ; tous sont munis d'un prolongement basilaire, contiennent un protoplasma granuleux et quelquefois un noyau. Le contenu de la cellule se colore en jaune orangé par le picrocarmin. Cette teinte, leur aspect finement granuleux et leurs proportions permettent de les

(1) Korotneff, *Histologie de l'Hydre et de la Lucernaire* (*Archives de zoologie expérimentale et générale*, 1876, n° 3).

distinguer facilement des autres éléments. Les cellules épithélio-musculaires et les glandes unicellulaires constituent la presque totalité des éléments de l'ectoderme ; on rencontre cependant encore des cellules en massue avec un protoplasma coloré en rose (pl. 4, fig. 23). Elles diffèrent complètement, par leur aspect, des éléments glandulaires et des cellules musculaires ; nous sommes porté à les considérer comme des cellules vibratiles, bien que leurs cils ne soient pas nettement visibles.

Le mésoderme présente les caractères d'un tissu fibreux (pl. 4, fig. 19 et 20 M). Chez les individus de petite taille, son épaisseur ne dépasse pas celle de l'ectoderme. Les noyaux de tissu conjonctif y sont nettement visibles ; son bord externe est rectiligne et nettement tranché ; son bord interne est ondulé et porte sur les coupes longitudinales une couche de noyaux fortement colorés par l'acide osmique, qui représentent les coupes de tout autant de fibres musculaires circulaires. Chez les individus plus volumineux, le mésoderme acquiert des dimensions plus considérables ; sa structure se modifie en même temps ; il renferme alors de nombreuses lacunes contenant des amas granuleux sans structure appréciable. Les sinuosités de la face interne augmentent en nombre et en profondeur ; les fibres musculaires prennent ainsi une importance bien plus considérable, quelquefois même les plis se soudent, et alors quelques fibres musculaires sont isolées et entièrement contenues dans l'épaisseur du mésoderme : cette disposition rappelle ce qui existe dans la colonne du *Calliactis*.

L'endoderme ne présente rien de remarquable. Ses cellules sont très délicates ; renflées à leur extrémité libre, elles ne contiennent pas ces corps pigmentaires si volumineux qu'on voit dans l'endoderme de l'*Anemonia sulcata*. Les corpuscules de pigment de l'*Actinia equina* paraissent situés à la base de l'ectoderme.

Bourses chromatophores. — Ces petits organes forment au sommet de la colonne une couronne remarquable par sa coloration bleue. Les appendices qui la constituent ont été étudiés pour la première fois par Hollard (1), qui avait noté l'abondance et la dimension considérable de leurs capsules urticantes, ainsi que les difficultés que l'on rencontre pour distinguer le fil contenu dans leur intérieur. Depuis, leur étude a été reprise par Schneider et Rotteken et par Martin Duncan. Les premiers de ces observateurs ont étudié des individus conservés dans l'alcool; nous avons déjà cité dans l'historique de ce travail la description donnée par ces naturalistes. Korotneff a pensé que les résultats auxquels ils étaient arrivés exigeaient une vérification; dans ce but, il s'est livré à de nouvelles recherches, qui ont été faites au laboratoire de Roscoff, dans le courant de l'année 1876. Korotneff a démontré que les baguettes et les lentilles décrites par Schneider et Rotteken correspondent aux cnidocils; que les corps cylindriques sont de véritables nématocystes. La zone musculaire n'est autre chose que le mésoderme fibreux; enfin l'endothelium correspond à l'endoderme. Il résulte de ces conclusions que les bourses chromatophores sont des organes du tact et non des yeux composés.

La différence des résultats obtenus par ces observateurs tient à ce que les premiers ont étudié des individus conservés, tandis que Korotneff a pu faire ses recherches sur des animaux vivants. La facilité avec laquelle le fil des capsules urticantes se déroule et se détache, suffit à expliquer comment les naturalistes allemands ont pu prendre des nématocystes vides pour des bâtonnets réfringents. En effet, même dans les bourses chromatophores, étudiées sur des individus frais, le fil urticant est difficile à voir; il est court et gros, diffère sensiblement de ceux qu'on observe habituellement; de plus, il se sépare de la capsule avec la plus grande facilité; le plus souvent il est même complètement absent.

Les observations de Korotneff paraissent concluantes; cependant nous avons pensé qu'il était impossible de faire une étude histologique complète de l'*Actinia equina* en laissant systémati-

(1) Hollard, *Monographie du genre* ACTINIA (*Ann. des sciences nat.*, t. XXV 1851).

quement de côté la structure des bourses chromatophores. Aussi, bien que les résultats de nos recherches à ce sujet soient souvent conformes à ceux du naturaliste russe, nous croyons devoir les exposer, ne serait-ce que pour confirmer les recherches de ce savant observateur, dont nous sommes heureux de pouvoir partager les opinions.

Les coupes verticales de bourses chromatophores permettent de distinguer les trois couches qui se rencontrent dans les parois du corps de toutes les Actinies (pl. 5, fig. 32). La couche ectodermique est très épaisse ; son bord externe est garni de cnidocils très nets, colorés en gris par l'osmium ; leur volume et leur rigidité ne permettent pas de les confondre avec de simples cils vibratiles. La zone externe de l'ectoderme est presque uniquement constituée par des nématocystes cylindriques très longs, presque tous dépourvus de leur fil urticant. On aperçoit, disséminés parmi ces capsules, quelques rares éléments glandulaires à contenu granuleux. Au-dessous de cette zone à nématocystes, on distingue une couche très épaisse formée par des fibrilles très nombreuses, serrées les unes contre les autres et fortement colorées par l'osmium. Ces fibrilles présentent quelques noyaux. Si l'on suit quelques-unes de ces fibrilles, on voit leur extrémité externe s'insinuer entre les capsules et se terminer derrière des cnidocils ; quelques-unes vont aboutir à de petites vacuoles situées près du bord externe et dont les fonctions sont difficiles à interpréter. La zone granuleuse qui existe à la base de l'ectoderme de toutes les Actinies manque dans les bourses chromatophores.

Le mésoderme est formé par du tissu conjonctif complètement dépourvu de noyaux et semblable à une membrane élastique. Sur la coupe que nous avons figurée, le mésoderme contient des cellules munies d'un noyau. Leur volume permet difficilement de les considérer comme de simples éléments du tissu conjonctif ; cependant, comme elles manquent complètement sur quelques coupes de bourses chromatophores et qu'elles se rencontrent dans d'autres parties du mésoderme, nous ne croyons pas qu'on puisse leur attribuer des fonctions spéciales. Des cellules semblables existent dans le mésoderme de plusieurs espèces.

L'endoderme des bourses est formé par de grandes cellules contenant quelques granulations plus fortement colorées par l'acide osmique. Il est vibratile. Le pigment qui colore en bleu les bourses chromatophores siège à la base de l'ectoderme; il est formé par des granulations très fines, difficiles à apercevoir.

Les éléments des bourses chromatophores, isolés par la dissociation, sont plus faciles à étudier; l'observateur peut se faire une idée beaucoup plus nette de leur structure, de leurs fonctions et même de leurs rapports. On remarque d'abord que les nématocystes sont très nombreux, presque tous dépourvus de fil urticant, cylindriques, et portant à l'une de leurs extrémités un noyau que les réactifs colorent bien plus fortement que la capsule. On voit également en grand nombre des fibrilles terminées à leur extrémité libre, le plus souvent par un, quelquefois par deux cnidocils (pl. 5, fig. 33). On rencontre encore des éléments de même nature, qui se terminent en s'évasant en forme de calice. On pourrait croire d'abord que cet aspect particulier est produit par deux cnidocils réunis par du mucus; mais un examen attentif démontre que cette interprétation, vraie quelquefois, ne peut être admise dans tous les cas (pl. 5, fig. 37). Ces fibrilles présentent un ou deux renflements. Korotneff admet qu'ils sont produits par un ou plusieurs amas de protoplasma extérieurs à la fibrille, et il croit que celle-ci les traverse en conservant son intégrité. Nous ne pouvons partager cette manière de voir; nous avons toujours vu la fibrille se dilater au niveau des amas protoplasmatiques. Le protoplasma et les noyaux siègent à l'intérieur même de la fibrille; celle-ci est très réfringente; les réactifs colorants ont peu d'action sur elle, tandis qu'ils agissent avec beaucoup plus d'intensité sur le protoplasma et sur les noyaux des renflements.

Quels sont les rapports des deux espèces d'éléments que nous venons de décrire? Korotneff dit : « Je ne puis trouver une liaison intime entre les fibrilles et les nématocystes, cependant je ne puis affirmer qu'elle n'existe pas. » Nous pensons avoir été plus heureux que le naturaliste russe. Nous avons pu observer des éléments jeunes (pl. 5, fig. 35 et 36) qui nous ont permis d'apprécier les véritables rapports du nématocyste et de l'élément à cnidocils.

Les capsules urticantes se développent aux dépens de l'extrémité externe de la fibrille qui porte le cnidocil dans un petit amas de protoplasma dont le volume diminue avec le développement du nématocyste. C'est aux dépens de la même cellule que le cnidocil se forme. On voit donc qu'au moins à une certaine période de leur existence, ces deux éléments ont entre eux des rapports intimes. Plus tard ces rapports deviennent plus difficiles à apprécier ; nématocystes et éléments à cnidocils restent seulement juxtaposés, et la figure 35 montre combien il est alors malaisé de se faire une idée exacte des relations qui les unissent.

L'observation précédente montre que la différence signalée par Korotneff entre les éléments des bourses chromatophores et ceux des tentacules de la Lucernaire n'existe pas, et que, chez les Actinies, les fibrilles sont liées au nématocyste par des liens aussi intimes que chez la Lucernaire. Les éléments que nous venons de décrire sont les plus importants parmi ceux qui constituent l'ectoderme des bourses chromatophores ; cependant ils se rencontrent ailleurs et ne peuvent être considérés comme caractéristiques. Les bourses chromatophores possèdent des éléments glandulaires nombreux; les uns sont fusiformes, les autres sont bilobés (pl. 5, fig. 38). Tous contiennent un protoplasma finement granuleux se colorant fortement par les réactifs ; nous n'avons jamais pu observer les noyaux signalés par Korotneff. De plus, les éléments que nous avons vus portaient presque tous un prolongement basilaire et hyalin. Cette forme de cellule glandulaire est la plus commune, mais elle n'est pas la seule qu'on puisse rencontrer dans les bourses chromatophores, qui possèdent encore des éléments ayant des fonctions probablement glandulaires, éléments d'une forme bizarre, différente de celle que nous venons de décrire. Les organes dont nous voulons parler sont plutôt conformes aux fibrilles nerveuses, mais ils en diffèrent par quelques caractères essentiels. Ils ne portent jamais un cnidocil ou une formation analogue. Ils se terminent simplement par un petit corps globuleux (pl. 5, fig. 39) et sont munis de plusieurs renflements dont le contenu diffère complètement de celui des cellules à cnidocils. Au lieu d'un protoplasma finement granuleux, on voit des vésicules hyalines sur lesquelles les réactifs colorants n'ont pas d'action, et qui sont tout à fait comparables à des vésicules adipeuses.

Quelles sont les fonctions des bourses chromatophores? Devons-nous les considérer comme des organes sans analogues chez les autres Zoanthaires? Korotneff termine son mémoire en disant : « Les bourses marginales sont des organes des sens *sui generis* et ressemblant surtout à des organes de tact. Cependant la fonction de ces formations n'est pas entièrement spécialisée, ce qui est prouvé par la présence des nématocystes et des cellules glanduleuses. » Nous adhérons pleinement aux conclusions du naturaliste russe ; nous pensons que, dans l'ectoderme des bourses marginales, les éléments fibrillaires à cnidocils possèdent des fonctions sensitives analogues à celles du toucher et en rapport intime avec l'émission du fil urticant. La vive sensibilité de ces éléments nous semble propre à expliquer la difficulté qu'on a pour observer des nématocystes contenant encore leur fil enroulé en spirale. Nous croyons en outre que ces fonctions ne sont pas particulières à ces petits organes, puisque nous avons rencontré des éléments histologiques analogues dans l'ectoderme des tentacules, chez la plupart des espèces et même dans ceux de l'*Actinia equina*. Nous verrons plus loin que les têtes des tentacules du *Corynactis* et les lobules des tentacules du *Balanophyllia* sont garnis d'éléments à cnidocils comparables à ceux des bourses marginales dont nous nous occupons ici.

Œsophage. — La structure générale de cette région est la même que celle du tube œsophagien de la plupart des autres Zoanthaires. Elle présente des plis longitudinaux profonds, dont l'ectoderme suit toutes les sinuosités. La surface de la couche cellulaire mérite seule quelque attention (pl. 4, fig. 27). Elle est couverte de cils vibratiles. Les coupes après l'action de l'acide osmique montrent une structure particulière, difficile à interpréter; cette couche est constituée par des granulations plus fortement colorées par l'acide osmique, noyaux de tout autant de petites fibrilles. On remarque, dans cet ectoderme, des espaces vides produits par l'écartement des éléments fibrillaires, et des cellules glandulaires privées de leur contenu et qui se présentent comme des espaces hyalins. Ces glandes sont colorées très fortement par l'acide osmique et apparaissent sur les coupes comme des points entièrement noirs. Il est probable que le produit de leur sécrétion doit jouer un rôle dans la préhension des aliments et même dans la digestion.

Lames mésentéroïdes. — Les coupes transversales de l'*Actinia equina*, durcies par l'alcool, montrent que les lames mésentéroïdes possèdent une structure fondamentale semblable à celle des autres Zoanthaires malacodermés. Le plan médian de ces lames mésentéroïdes est formé par du tissu conjonctif; cette couche apparaît sur les coupes transversales comme un axe fibreux, et présente sur un de ses bords des sinuosités, qui deviennent plus profondes en se rapprochant davantage de l'axe de l'Actinie. Ces plis forment ainsi un simple épaississement, qui a pour but d'augmenter le nombre des fibres musculaires, mais leur ensemble ne va pas jusqu'à constituer, comme chez plusieurs espèces, un faisceau fibro-musculaire distinct. L'espace entre les lames mésentéroïdes est occupé par des filaments mésentériques et par les organes de la reproduction.

Bien que la présence des larves dans la cavité mésentérique de l'*Actinia equina* soit difficile à expliquer, nous n'avons cependant jamais rencontré des individus possédant à la fois des ovules et des vésicules mâles. Les sexes sont faciles à distinguer; la coloration des vésicules mâles est toujours plus claire que celle des ovaires. Les coupes seules donnent une idée exacte de la structure des organes reproducteurs. Les vésicules mâles sont disposées suivant une seule série dans l'épaisseur de la couche mésodermique. Chacune d'elles est constituée par une membrane fibreuse distincte (pl. 5, fig. 40) et porte un revêtement endodermique formé par une seule couche de cellules. Les vésicules contiennent sur les bords une ou plusieurs couches de cellules rondes ou légèrement polygonales, qui tapissent l'intérieur de la coque fibreuse; les noyaux de ces éléments deviennent visibles par l'emploi des plus forts objectifs. Les spermatozoïdes, arrivés à leur état de complet développement, occupent le centre de la capsule; ils apparaissent sous la forme d'un amas granuleux, et prennent certainement naissance aux dépens des cellules de la vésicule. Les organes mâles ne possèdent aucun conduit permanent permettant la sortie des spermatozoïdes. Les vésicules se vident à l'aide d'un mécanisme particulier que nous avons pu observer avec une grande netteté dans une de nos coupes.

Sur un ou plusieurs points d'une vésicule mâle se manifeste une sorte de dépression, et plus tard un véritable enfoncement. La coque fibreuse se refoule ainsi de plus en plus et finit par se rompre; les cellules endodermiques, qui ont suivi le mésoderme dans son refoulement à l'intérieur de la vésicule, constituent alors un revêtement cellulaire aux parois du canal déférent, qui prend ainsi naissance. Les spermatozoïdes mûrs s'engagent dans ce conduit, et parviennent ainsi dans la cavité mésentérique. On voit que la sortie des éléments mâles se fait, chez l'*Actinia equina*, par un procédé assez compliqué. Les spermatozoïdes, arrivés à leur complet développement, sont constitués par deux parties parfaitement distinctes. La tête est très nette et facile à apercevoir; la queue est formée par un fil long et délicat.

Lorsqu'on ouvre un *Actinia equina* dans le courant de la belle saison, depuis le mois de mai jusqu'à l'automne, on trouve en grand nombre, dans la cavité mésentérique, des larves à divers degrés de développement, nageant entre les lames mésentéroïdes. On remarque de plus des parasites qu'un examen superficiel pourrait faire confondre avec les larves. Ils présentent pourtant une forme bizarre, qui rend toute confusion impossible. En les examinant attentivement, on est bientôt convaincu que, malgré leur taille, ces corps sont de véritables Infusoires (pl. 5, fig. 41). Ils mesurent de 15 à 30 millimètres dans leur grand axe et ont une forme aplatie nautiloïde. Malgré leurs fortes dimensions, leur organisation est toujours très simple. Ils sont formés par une cuticule très distincte, contenant un protoplasma fortement granuleux. Par l'emploi des réactifs, nous n'avons jamais distingué nettement une granulation plus forte que les autres, ou un espace hyalin pouvant être considéré comme un noyau. La cuticule porte des crêtes obliques disposées perpendiculairement au grand axe du corps et garnies de cils vibratiles. L'acide osmique fait apparaître cette enveloppe avec la plus grande netteté; le picrocarmin colore le protoplasma en rouge. Par l'action de l'acide acétique, la masse protoplasmique devient plus transparente. Cet Infusoire parasite, que nous avons cherché en vain à déterminer génériquement, mériterait de nous arrêter plus longtemps; nous nous proposons de reprendre plus tard son étude, et nous tâcherons d'observer son développement. L'*Actinia equina* est la seule espèce chez laquelle nous ayons trouvé cet Infusoire parasite, qui vit de préférence, en grand nombre, dans les individus habitant les rochers du *Pharo*.

BUNODES VERRUCOSUS.

TENTACULES. — Le *Bunodes verrucosus* présente des tentacules hyalins, transparents, ornés de taches régulières et constantes. Observés par compression, ces appendices apparaissent couverts de cils vibratiles, et ils contiennent, dans une couche endodermique, de nombreux corpuscules de pigment. Ces tentacules, isolés et durcis par l'acide osmique, peuvent être soumis à des coupes. On remarque alors que les nématocystes sont très nombreux, et qu'ils forment, au bord externe de l'ectoderme, une couche presque continue. Les cellules glandulaires [sont bien plus rares et faciles à reconnaître par la couleur jaune orangée que prend leur contenu sous l'influence du picrocarmin. Entre la zone à nématocystes et le mésoderme, existe une couche granuleuse dont la structure est difficile à apprécier. Par les dissociations, on trouve des éléments munis d'un ou deux renflements à protoplasma coloré en rose par le picrocarmin, éléments que nous considérons comme des cellules vibratiles. Tous ces éléments histologiques sont munis à leur base d'un prolongement formé par l'enveloppe de la cellule, et à l'aide duquel ils se mettent en contact avec le mésoderme. Les petits noyaux situés sur ces prolongements basilaires contribuent à former la couche granuleuse de l'ectoderme.

Le mésoderme est formé par les faisceaux longitudinaux de tissu conjonctif. Les fibrilles et les noyaux de ce tissu rappellent complètement ceux des animaux supérieurs. Des cellules délicates, qui ne se retrouvent pas dans les dissociations, constituent l'endoderme. Sur les coupes à l'acide osmique (pl. 7, p. 49), on remarque que ces éléments possèdent une enveloppe très fine et contiennent un protoplasma à peine granuleux.

PAROIS DU CORPS. — Les bourses marginales de l'*Actinia equina* ont attiré depuis longtemps l'attention des observateurs. Les saillies de la colonne du *Bunodes* n'ont pas eu ce privilège ; leur nom indique qu'on ignore encore la structure et les fonctions de ces organes. Nous ne connaissons aucun travail anatomique sur ces petits appareils. Gosse les désigne sous le nom de *verrues*, sans chercher à pénétrer la nature de leur tissu. Les boutons urticants du *Cladactis* de Panceri diffèrent complètement de ceux qui se trouvent sur le *Bunodes*.

Nous croyons que la structure histologique des boutons du *Bunodes* présente quelque intérêt. Ces verrues sont tantôt complètement ectodermiques, tantôt au contraire elles sont logées dans l'épaisseur du mésoderme ; dans tous les cas, leur origine est la même et les éléments de l'ectoderme contribuent seuls à les former ; aussi ferons-nous précéder leur étude de celle de la couche cellulaire externe.

L'ensemble des parois du corps a une épaisseur de 60 à 80 millimètres. L'ectoderme mesure 12 millimètres; mais, par ses replis, cette couche peut atteindre de 25 à 35 millimètres. Le mésoderme forme une zone fibreuse de 10 à 15 millimètres.

A un faible grossissement, on remarque d'abord, sur les coupes faites dans des individus durcis par l'acide osmique, que l'ectoderme forme des plis très nombreux et très profonds; on voit également qu'il présente des stries fortement colorées par l'osmium; on distingue aussi des espaces hyalins de forme ovale. Des grossissements plus forts permettent de considérer ces espaces comme des éléments glandulaires privés de leur contenu.

A l'aide des objectifs plus puissants, il est possible d'avoir une idée nette des éléments qui entrent dans la composition de l'ectoderme (pl. 7, fig. 51); on en distingue alors de deux sortes bien différentes. Les uns, fortement colorés par l'osmium, sont analogues aux éléments à cnidocils; ils sont seulement plus épais et leurs prolongements sont de simples cils vibratiles souvent agglutinés par du mucus (pl. 7, fig. 53). Les autres sont des cellules glandulaires affectant deux types parfaitement distincts : les plus nombreuses sont en forme de massue, à contenu fortement granuleux, privées de noyaux, analogues à celles que Heider a observées dans l'ectoderme du *Sagartia troglodytes*. Cette espèce de cellule n'est pas la seule qu'on rencontre chez le *Bunodes*. Nous avons observé, sur les coupes à l'acide osmique, des cellules glandulaires qui diffèrent complètement de celles que nous venons de décrire : elles ont l'aspect d'une petite bourse et s'ouvrent à la surface de l'ectoderme par un pertuis bien distinct; elles doivent avoir des fonctions différentes de celles des cellules en massue, fonctions difficiles à préciser. Leur contenu est hyalin, et elles possèdent un noyau parfaitement distinct, mais qu'on ne retrouve pas dans les dissociations. Ces trois espèces d'éléments histologiques constituent à eux seuls la couche ectodermique; les cellules en massue sont surtout remarquables par leur volume et la nature de leur contenu (pl. 7, fig. 52). Les nématocystes ne se rencontrent qu'accidentellement dans l'ectoderme de la colonne.

Les verrues de la colonne du *Bunodes* sont formées par la réunion des cellules glandulaires que nous venons de décrire.

Nous avons déjà dit que l'ectoderme présente des plis nombreux et profonds. Les verrues glandulaires apparaissent dans les anfractuosités formées par ces replis. Une partie de l'ectoderme s'isole d'abord en forme de cône (pl. 7, fig. 48 V*g*) et tend à s'enfoncer de plus en plus. En même temps les tissus s'élèvent tout autour de lui et forment une sorte de bourrelet. La portion de l'ectoderme qui contribue à la formation de ce nouvel organe se différencie. Les cellules vibratiles disparaissent et les cellules glandulaires persistent seules. La glande ainsi formée s'enfonce de plus en plus dans le mésoderme fibreux, et finit par paraître complètement distincte de l'ectoderme (pl. 6, fig. 46 V*g*). Un organe glandulaire complètement différencié, d'origine ectodermique, situé dans l'épaisseur du mésoderme, prend ainsi naissance et constitue les verrues qui garnissent les parois du corps. Des cellules glandulaires semblables à celles qui sont disséminées dans l'ectoderme, et non des éléments spéciaux, contribuent seules à la formation de ces saillies particulières au genre *Bunodes*. La structure de ces organes, alors qu'ils sont contenus dans l'épaisseur du mésoderme, ne diffère pas de ceux qui sont encore complètement ectodermiques; elle est seulement moins nette. Les éléments sont en effet coupés dans tous les sens, le plus souvent obliquement ou transversalement; ils apparaissent alors sous la forme de points ou d'espaces vides. D'autres fois ils semblent avoir subi une dégénérescence granuleuse. Il nous semble difficile d'admettre que ces verrues glandulaires, devenues intra-mésodermiques, soient privées de toute communication avec l'extérieur; nous croyons plutôt que les coupes semblables à celles qui sont représentées figure 46 ne passent pas par l'axe des verrues, mais par une expansion latérale.

Les verrues du *Bunodes* constituent donc tout autant de

petits organes glandulaires, tantôt purement ectodermiques, tantôt, au contraire, situés dans l'épaisseur du mésoderme. Leur structure est toujours la même, et les verrues de la zone fibreuse de la colonne ne représentent qu'un état de développement plus avancé. La fonction de ces glandes ne diffère pas de celle des éléments glandulaires disséminés dans l'ectoderme; elle contribue à la sécrétion du mucus qui recouvre le corps du *Bunodes* comme celui de tous les Zoanthaires.

L'étude du développement de ces glandes nous a semblé encore plus intéressante que celle de leur structure; elle nous a permis de suivre toutes les phases de la formation d'un organe par groupement d'éléments cellulaires auparavant disséminés sur toute la surface du corps.

Le mésoderme du *Bunodes* se compose d'une couche fibreuse externe et d'une couche musculaire interne. La couche fibreuse présente elle-même deux zones distinctes. L'externe est formée par du tissu conjonctif lâche, qui suit tous les replis de l'ectoderme et offre des fibres entrecroisées dans tous les sens, et des noyaux, bien visibles après l'action du picrocarmin ou de l'hématoxyline. La zone interne possède une structure bien différente. Le tissu conjonctif forme des lames régulières légèrement ondulées, qui apparaissent avec une égale netteté sur les coupes transversales et longitudinales. L'aspect du bord interne de cette zone est complètement différent, suivant qu'on examine des coupes verticales ou transversales. Dans le premier cas, il est irrégulièrement découpé en festons (pl. 7, fig. 48 M) et présente l'aspect figuré à un plus fort grossissement pour le mésoderme du disque de l'*Anemonia sulcata*. On voit aussi, sur les coupes de l'acide osmique, que cette partie du mésoderme est parsemée de lacunes, coupes de tout autant de petits canaux existant également dans les lames mésentéroïdes. Les coupes transversales du mésoderme font voir, au contraire, un bord interne parfaitement régulier; nous pouvons donc supposer que les festons signalés sur les coupes verticales correspondent à des plis circulaires.

La couche musculaire du mésoderme est représentée, sur

les coupes verticales, par une série de noyaux, suivant toutes les anfractuosités de la zone fibreuse ; sur les coupes transversales, cette couche musculaire est formée par des fibres plus fortement colorées par l'osmium, lisses et sans noyaux visibles. Les fibres musculaires longitudinales font complètement défaut.

Sur les préparations à l'alcool, et quelquefois même sur celles à l'acide osmique, l'endoderme apparaît sous la forme d'une bouillie granuleuse dans laquelle toute forme cellulaire a disparu (pl. 6, fig. 46, *In*). Dans quelques cas cependant, en employant de fortes solutions d'acide osmique, on voit que les cellules endodermiques possèdent un noyau et des vésicules adipeuses colorées en noir par l'osmium.

LAMES MÉSENTÉROIDES. — Le petit volume du *Bunodes*, et la consistance de sa colonne après l'action de l'alcool, nous ont engagé à étudier attentivement la disposition des lames mésentéroïdes et leur structure. Des coupes transversales, plutôt que la dissection, permettent d'arriver facilement à ce résultat.

Toutes, quelles que soient leurs dimensions, présentent, à leur région médiane, un renflement longitudinal formé par des plis nombreux et profonds situés sur un seul de leurs côtés (pl. 6, fig. 42). Les renflements de deux lames mésentéroïdes voisines se font face. L'aspect présenté par ces plis coupés en travers est comparable aux ramifications d'un buisson (pl. 6, fig. 44). Claus a trouvé une disposition analogue pour les fibres musculaires longitudinales des parois du corps des Physophores (1).

Chaque lame mésentéroïde est formée par un plan médian fibreux en rapport avec la couche conjonctive du mésoderme (pl. 6, fig. 43). Ce tissu fibreux présente, sur les coupes et dans la dissociation, des caractères histologiques semblables à ceux du mésoderme. On y remarque, de plus, quelques espaces à contenu granuleux.

(1) Claus, *Ueber* Halistemma tergestinum, nov. sp., *nebst Bemerkungen über den feineren Bau der Physophoriden* (*Arbeiten aus dem zoolog. Institut zu Wien*, Heft I, Taf. IV, fig. 3).

Des fibres musculaires longitudinales, remarquables par leur volume, tapissent tous les replis des lames mésentéroïdes et en suivent toutes les anfractuosités ; elles sont disposées suivant une seule couche (pl. 6, fig. 42, 43 et 44), et les lamelles fibreuses longitudinales, en augmentant la surface de la lame mésentéroïde, accroissent sa puissance musculaire. Leur ensemble forme un faisceau fibro-musculaire qui, chez le *Bunodes* et quelque autre genre, se distingue parfaitement des lames mésentéroïdes.

Les fibres longitudinales constituent à elles seules le système musculaire des lames mésentéroïdes. Sur les coupes verticales, elles sont le plus souvent coupées obliquement ; malgré leur volume, elles sont lisses et dépourvues de noyaux. Les coupes transversales (pl. 7, fig. 47) faites à travers les renflements des lames mésentéroïdes montrent que ces éléments musculaires sont en contact avec l'axe fibreux, et ils apparaissent comme de petits corps irrégulièrement quadrangulaires, serrés les uns contre les autres, suivant une seule couche. Ces fibres se colorent en rouge par le picrocarmin, tandis que le tissu conjonctif prend, sous l'action du même réactif, une coloration rose. Chaque fibre présente, sur ces coupes transversales, une partie centrale plus fortement colorée que la zone périphérique.

Chez la plupart des Actiniaires, le disque pédieux ne diffère pas, par sa structure, des autres parties du corps. On distingue ici également une couche cellulaire externe, une zone fibreuse et une couche cellulaire interne. Le disque pédieux de quelques espèces est complètement dépourvu de fibres musculaires. Le *Bunodes verrucosus* possède une couche contractile spéciale. L'ectoderme est semblable à celui de la colonne, mais les verrues glandulaires sont absentes. Le mésoderme présente une zone externe fibreuse et une couche interne de fibres musculaires rayonnantes (pl. 6, fig. 45) qui n'existe que dans le disque pédieux. On voit en outre, sur les coupes longitudinales, le tissu fibreux des lames mésentéroïdes s'étaler sur le disque pédieux et présenter des vides occupés par des fibres musculaires circulaires qui apparaissent sur ces coupes comme des noyaux fortement colorés par les réactifs.

Le système musculaire du disque pédieux et les fibres longitudinales des lames mésentéroïdes doivent contribuer à fixer solidement les *Bunodes* par un mécanisme analogue à celui des ventouses.

Les filaments mésentériques situés le long des bords des lames mésentéroïdes présentent de grandes cellules vibratiles et une couche pigmentaire; ils sont dépourvus de nématocystes, et diffèrent complètement de ceux qui sont lancés par les *Sagartia*.

CORYNACTIS VIRIDIS.

TENTACULES. — Ils attirent l'attention par leur forme bizarre, et sont formés de deux parties, une tige et une extrémité renflée ou tête. Leur ensemble rappelle le style et le stigmate de certaines fleurs. Ces deux régions diffèrent beaucoup plus par leur aspect extérieur que par leur structure. Les sections transversales de *Corynactis*, durcies par l'acide osmique, passent, par les tentacules, à l'état de contraction, et les rencontrent suivant leur axe ou suivant des coupes obliques. On reconnaît sur les coupes que le renflement terminal des tentacules n'est pas dû à une dilatation de sa cavité, mais à l'épaisseur plus grande de la couche ectodermique. Les éléments histologiques qui entrent dans la structure de ces deux régions sont les mêmes. Dans l'ectoderme de la tête, les longs nématocystes cylindriques, à fil enroulé à spirale, sont disposés en couche serrée. Dans la tige, ils sont groupés en lobules, qu'on peut voir sur l'animal vivant, lorsqu'il est complètement étalé. Ces capsules urticantes (pl. 8, fig. 56) constituent presque à elles seules la totalité des éléments de l'ectoderme; les cnidocils, bien visibles le long du bord externe de cette couche, indiquent pourtant la présence d'éléments sensitifs mêlés aux nématocystes. Ces éléments diffèrent par leurs dimensions seules de ceux que nous avons vus dans les bourses marginales de l'*Actinia equina*. Il est cependant plus rare de rencontrer dans les dissociations des fibrilles à renflements protoplasmatiques aussi nets que dans l'Actinie. Le fil des nématocystes cylindriques est long, mince et lisse ; on le voit toujours enroulé en spirale. Ces capsules urticantes paraissent propres aux tentacules et ne se rencontrent jamais dans l'ectoderme de la colonne. On distingue encore dans l'ectoderme de la tige des tentacules quelques cellules glandulaires, et des capsules urticantes ovoïdes, à fil pelotonné (pl. 8, fig. 55); mais ces éléments ne se rencontrent qu'accidentellement. Le mésoderme et l'endoderme des tentacules ne présentent rien de particulier. On distingue à la base de l'endoderme une mince couche de fibres musculaires longitudinales externes.

Parois du corps. — Elles sont complètement lisses, ne possédant ni saillies, ni noyaux d'aucune espèce. L'ectoderme mesure $0^{mm},05$; le mésoderme, $0^{mm},02$; l'endoderme $0^{mm},02$ à $0^{mm},03$. Ces trois couches sont bien distinctes. L'ectoderme apparaît comme une zone fortement colorée par l'osmium (pl. 8, fig. 54), au sein de laquelle on distingue de nombreux espaces hyalins, ovales, serrés les uns contre les autres, paraissant constituer à eux seuls cette couche cellulaire. Ces espaces sont limités par des lignes plus fortement colorées par l'osmium. La nature et la fonction de ces lignes sont difficiles à interpréter. Les corps ovoïdes hyalins sont des cellules glandulaires privées de leur contenu. On rencontre, dans les dissociations, des éléments de même nature renfermant encore un protoplasma granuleux. Les lignes plus foncées qui les séparent, représentent le plus souvent les coupes des membranes d'enveloppe. Quelquefois elles sont munies d'un noyau, et indiquent ainsi qu'elles constituent des éléments distincts. Ces éléments sont peut-être des cellules vibratiles dont les cils, agglutinés par le mucus, sont devenus invisibles. On voit encore, dans l'ectoderme de la colonne, des capsules urticantes ovoïdes, semblables à celles de l'ectoderme des tentacules. Leur fil est pelotonné ou irrégulièrement enroulé. Il est très gros, se déroule avec lenteur, et, lorsqu'il est complètement déroulé, il est garni de fines barbelures disposées en spirale et déjà figurées par Gosse (1). Ces nématocystes rappellent, par leur forme, les cellules glandulaires à mucus. Le genre *Corynactis* est le seul de la famille des *Actininæ*, chez lequel nous ayons rencontré des éléments urticants aussi volumineux. Le bord externe de l'ectoderme est limité par une couche granuleuse fortement colorée par l'osmium et dont la structure reste inappréciable.

Le mésoderme de la colonne est complètement indépendant de l'ectoderme. Il se colore faiblement par l'acide osmique et apparaît comme une zone d'un blanc sale, parfaitement homogène, sans trace de fibres ni de noyaux. Son aspect, sur les coupes longitudinales et transversales à l'acide osmique, pourrait le faire considérer, à bon droit, comme une membrane élastique. Sur les coupes longitudinales, on constate que son épaisseur augmente au sommet de la colonne. Le bord interne du mésoderme présente les plis et les fibres musculaires que nous avons décrits chez d'autres espèces. Les fibres musculaires sont surtout nombreuses au sommet de la colonne, où elles sont disposées en une couche serrée. L'endoderme est formé par une couche de cellules ciliées, qui contiennent des corpuscules pigmentaires munis de noyaux et de granulations graisseuses fortement colorées par l'osmium.

Lames mésentéroïdes. — Elles sont formées par un plan fibreux d'origine mésodermique, recouvert par l'endoderme. Les cellules de cette couche ne possèdent aucun caractère particulier; elles sont seulement plus longues et renflées à leur extrémité. L'axe fibreux de la lame mésentéroïde présente, sur les coupes transversales, une série de festons qui ne constituent pas, comme chez quelques espèces, des plis profonds et sinueux. On distingue, sous forme de points noirs, les coupes des fibres musculaires longitudinales, suivant toutes les sinuosités de ces plis.

(1) *The British sea Anemones and Corals.*

SAGARTIA PENOTI

Nous avons laissé un peu systématiquement de côté les espèces du genre *Sagartia*, le travail de Heider constituant, à notre avis, une monographie remarquable. Nous avons pu vérifier, sur cette espèce marseillaise, les descriptions du naturaliste allemand, nous arrêtant surtout à l'étude des organes mâles, qui ont échappé à cet observateur. Les coupes nous ont démontré que ces organes possèdent une structure semblable à ceux de l'*Actinia equina*. Les cellules spermatogènes sont contenues dans des vésicules disposées dans l'épaisseur du mésoderme et recouvertes par l'endoderme. La sortie des spermatozoïdes se fait par un mécanisme semblable à celui que nous avons déjà signalé.

CALLIACTIS EFFŒTA.

La densité et l'épaisseur de la zone fibreuse de la colonne, la rapidité et la force avec laquelle cette Actinie se contracte, nous ont engagé à faire une étude histologique complète de ce type un peu aberrant dans la famille des Sagartiadés.

Tentacules. — Les coupes transversales et longitudinales ne montrent rien, dans la succession des couches, qui mérite d'être signalé. Les nématocystes constituent toujours les éléments les plus nombreux. Les dissociations font voir cependant qu'ils ne forment pas à eux seuls la couche cellulaire externe. Les éléments épithéliaux, remarquables par leurs formes variées, s'y voient en grand nombre : les uns sont renflés en massue, contiennent un protoplasma légèrement granuleux et un noyau ; quelques-uns d'entre eux s'étalent à leur base sur une fibrille très courte, quelquefois à peine distincte (pl. 8, fig. 58, *ad*) ; d'autres sont fusiformes ; d'autres enfin ont un aspect plus remarquable encore : ils sont munis d'un noyau, au-dessus duquel la cellule s'amincie, s'étrangle et se prolonge ensuite en une languette légèrement renflée à son extrémité. Nous ne pouvons assigner à aucune de ces cellules des fonctions spéciales, et nous les considérons comme de simples éléments épithéliaux, probablement sensitifs. L'ectoderme renferme encore des éléments plus volumineux (pl. 8, fig. 58 *g*), bilobés, contenant un protoplasma coloré en jaune orangé par le picrocarmin, dépourvus de noyaux, et qui possèdent certainement des fonctions glandulaires. Les cellules épithélio-musculaires sont rares et peu volumineuses (pl. 8, fig. 58 *b*). Chez les unes, la portion protoplasmatique est bien distincte; chez les autres, elle est réduite à un petit amas granuleux, étalé sur la fibrille, qui se distingue toujours par son aspect homogène et par la coloration intense qu'elle prend par le carmin. Ces cellules musculaires ne constituent pas une couche continue; elles sont disséminées dans la région profonde de l'ectoderme. Les fibres musculaires longitudinales sont souvent d'une longueur considérable; elles ont un aspect bizarre. La fibrille représentée fig. 58, *fm*, dépassait en longueur le diamètre du champ du microscope. Sa forme nous a engagé à la reproduire avec le plus grand soin. Elle ne constitue pas d'ailleurs une exception, et tous les éléments musculaires observés par nous présentaient une forme semblable à celle de cette fibrille. Les réactifs colorants font distinguer deux parties dans chacun de ces éléments. L'une de ces parties est représentée par une longue fibrille, homogène, lisse, fortement réfringente; l'autre est constituée par des renflements situés tous du même côté, contenant un protoplasma granuleux et souvent un noyau. Ces renflements représentent tout autant de cellules. Leur aspect ne permet pas de les confondre avec les simples ondes de contraction, que nous signalerons dans les fibres musculaires des lames mésentéroïdes des *Phellia*. Elles existent aussi dans les éléments contractiles qui forment les parois du corps du *Cérianthe*. Nous considérons ces fibres musculaires comme étant le résultat de la réunion de plusieurs cellules musculaires, et nous les désignerons sous le nom de fibres musculaires pluricellulaires. Nous verrons qu'elles ne sont pas spéciales aux tentacules du *Calliactis*, et qu'elles existent avec des formes encore plus originales dans les cloisons des *Phellia*.

Les tentacules du *Calliactis* ne sont pas dépourvus d'éléments auxquels on puisse attribuer des fonctions nerveuses. L'ectoderme possède en effet des fibrilles très minces ; elles présentent un ou plusieurs noyaux fortement colorés par les réactifs, et contenus dans l'épaisseur même de la fibrille (pl. 8, fig. 18 *N*). Ces éléments sont le plus souvent incomplets. La finesse de leurs fibrilles et le volume de leur noyau, fortement coloré par le carmin, les rendent semblables à ceux qui ont été décrits et figurés par R. et O. Hertwig (1) sous le nom de cellules ganglionnaires. *Cette identité d'aspect nous autorise à les considérer comme des éléments de communication nerveuse. Ils doivent former, à la base de l'ectoderme des tentacules, un plexus diffus, mettant en rapport les éléments épithéliaux et musculaires. Claus* (2) *a aussi trouvé des éléments analogues chez une Méduse* (Charybdea marsupialis). *Nos observations démontrent que ces éléments nerveux ne sont pas spéciaux à un seul groupe de Cœlentérés, et qu'ils se retrouvent avec des caractères identiques chez les Zoanthaires.*

TUBE ŒSOPHAGIEN. — Les plis longitudinaux de cette région ne présentent aucun caractère particulier et rappellent complètement ceux des autres Actiniaires. Sur les coupes transversales, ces plis apparaissent comme des lobes juxtaposés. La couche ectodermique est irrégulièrement striée. Son bord externe, au lieu d'être nettement limité, apparaît sur les coupes transversales, caché par une couche de mucus granuleux (pl. 8, fig. 59). La présence dans cet ectoderme de cellules glandulaires ovoïdes ou fusiformes, à contenu granuleux fortement coloré par l'acide osmique, constitue la seule différence essentielle entre l'ectoderme du tube œsophagien et celui de la colonne. Ces éléments glandulaires sont situés tantôt à la surface de l'ectoderme, tantôt près du mésoderme. Cette zone profonde, légèrement granuleuse, diffère à peine de

(1) R. et O. Hertwig, *Das Nervensystem und die Sinnesorgane der Medusen.* Leipzig, 1878.

(2) Claus, *Untersuchungen ueber* Charybdea marsupialis (*Arbeiten aus dem zoologischen Institut der Universität zu Wien.* 1878).

la partie externe de l'ectoderme. Le mésoderne ne présente rien de particulier. Il est nettement fibreux, avec des noyaux bien visibles, et ne possède jamais cette épaisseur considérable qui donne aux parois du corps cette consistance cartilagineuse, faisant du *Calliactis* un type remarquable.

PAROIS DU CORPS. — La colonne du *Calliactis* possède une épaisseur exceptionnelle. L'ensemble de ses couches mesure souvent 4 à 5 millimètres d'épaisseur. Le tissu fibreux mésodermique montre, à la coupe, l'aspect du cartilage hyalin. Cette densité remarquable facilite l'examen ; aussi les coupes peuvent-elles être exécutées sur les pièces fraîches. Cependant la macération dans les solutions d'acide osmique rend la structure de la zone fibreuse plus facile à apprécier, et permet en même temps l'étude des couches ectodermique et endodermique. Le *Calliactis*, à l'état de contraction, prend la forme d'un cône portant près de la base une circonférence de pores permanents, indiqués par de petites verrues qui proéminent légèrement à la surface du corps. Ces pores correspondent à de petits canaux munis d'un revêtement cellulaire. Nous les étudierons après la description des couches qu'ils traversent. L'ectoderme mesure $0^{mm},10$ à $0^{mm},12$, et présente, sur les coupes, un aspect particulier qui ne se voit chez aucun des genres étudiés jusqu'à présent. On ne distingue pas dans cette couche cellulaire ces espaces hyalins à peine colorés par l'acide osmique, à contenu granuleux, qui existent dans l'ectoderme de l'*Actinia equina*, du *Bunodes*, du *Corynactis*. On peut aussi voir, sur les coupes, que les éléments de l'ectoderme des *Calliactis* sont d'une seule espèce et fort peu différenciés (pl. 10, fig. 67). L'ectoderme est entièrement formé de cellules fusiformes serrées les unes contre les autres; elles ne peuvent être aperçues que sur les préparations les plus minces. On ne distingue pas, à la base de l'ectoderme, cette zone granuleuse dont la structure est si difficile à apprécier. Les cellules glandulaires et les capsules urticantes sont complètement absentes. Le mucus recouvrant le corps du *Calliactis* permet cependant de supposer que certains de ces éléments possèdent des fonctions glandulaires. Quelques-uns sont en effet semblables à ceux qui constituent les amas glandulaires du sommet de la colonne du *Sagartia troglodytes* (1). Chez les *Calliactis*, ces éléments fusiformes ne constituent pas des organes distincts, mais ils sont disséminés dans toute la couche cellulaire externe des parois du corps. L'aspect de cette zone est le même sur les coupes transversales et longitudinales. Le bord externe de l'ectoderme, constitué par les extrémités des éléments fusiformes, est mal limité; on ne distingue pas cette ligne noire, qu'on pourrait prendre pour une cuticule, mais, sur l'animal vivant, les cils vibratiles manquent. La colonne possède cependant une sensibilité remarquable.

Les macérations dans le bichromate d'ammoniaque permettent d'obtenir avec facilité des éléments complètement isolés (pl. 10, fig. 68). Ils sont munis, à leur extrémité libre, d'un renflement conique qui se termine quelquefois par un mince prolongement, comparable à un cnidocil; on voit même, dans certains cas, deux de ces prolongements, au lieu d'un seul. Ces cellules possèdent à leur partie centrale un renflement avec un noyau bien distinct, qui cependant peut être absent. Ces éléments deviennent alors parfaitement fusiformes, à contenu granuleux, et ils portent toujours à leur extrémité libre un renflement conique.

Les formes représentées planche 10, fig. 68 *a* et *b*, *e*, sont les plus communes, mais elles ne sont pas les seules qu'on rencontre dans les dissociations. On voit aussi (fig. 68, *c*, *d*) des éléments, plus rares il est vrai, dépourvus de renflement médian, mais terminés par une partie beaucoup plus volumineuse, rarement étranglée. Ces éléments ont sans doute des fonctions spéciales; ils se colorent par le carmin. Nous ne croyons pas qu'on puisse assigner avec certitude à chacun d'eux des fonctions particulières.

Le mésoderme constitue une couche très épaisse. Son aspect, sur les coupes, pourrait le faire considérer comme du tissu

(1) Heider, *Sagartia troglodytes*.

cartilagineux. A l'état de contraction, l'épaisseur de cette couche est plus grande au sommet qu'à la base de la colonne ; nous remarquons en outre que la partie supérieure de la couche mésodermique renferme des éléments qui manquent complètement à la région inférieure (pl. 8, fig. 60, et pl. 9, fig. 54). Sur les coupes faites dans des pièces durcies par l'acide osmique, on distingue, près du bord externe, des corpuscules volumineux colorés en noir et de forme irrégulière (pl. 8, fig. 60 *p*). En examinant des coupes faites sur des individus non traités par les réactifs, on voit que ces éléments correspondent aux bandes brunes de la colonne : on est donc en droit de les considérer comme des corps pigmentaires ; leur aspect, leur contenu irrégulier, permettaient déjà de le supposer.

A l'aide d'un fort grossissement, on voit que le mésoderme est formé par du tissu fibreux, dense à la base de la colonne, plus lâche au sommet. Ces fibres conjonctives sont très fines et disposées suivant l'axe de l'animal.

Les coupes transversales permettent de distinguer, dans la couche fibreuse, deux zones assez nettes : une zone externe, dans laquelle les fibres conjonctives ne sont pas disposées en tissu lamineux, et une zone interne, où la couche fibreuse forme des lames légèrement ondulées, présentant, au niveau des lames mésentéroïdes, une disposition particulière (pl. 10, fig. 69 M). Les éléments cellulaires du tissu conjonctif du mésoderme ne sont pas représentés par de simples noyaux, mais par de petits amas granuleux. Le picrocarmin colore en rouge ces éléments, et en jaune orangé les lames de la zone profonde du mésoderme. L'éosine colore faiblement le tissu conjonctif, et, avec plus d'intensité, le protoplasma des éléments cellulaires. A la base de la colonne, les fibres conjonctives sont tellement serrées les unes contre les autres, qu'elles deviennent difficiles à apercevoir. Au sommet, au contraire, elles sont nettement visibles et disposées en faisceaux longitudinaux.

Le bord interne du mésoderme est limité par la couche de fibres musculaires circulaires, signalées par nous chez tous les Actiniaires (pl. 10, fig. 69, *mc*). Les faisceaux de ces fibres ne s'interrompent pas au niveau des lames mésentéroïdes, mais traversent leur plan fibreux, constituant une couche continue. La figure 63 représente une coupe longitudinale du bord interne du mésoderme et du bord externe d'une lame mésentéroïde ; elle montre que ces faisceaux musculaires, coupés en travers, sont semblables à des amas ovoïdes de noyaux fortement colorés par les réactifs. Elle fait voir en même temps comment le tissu fibreux des lames mésentéroïdes est en continuité avec le mésoderme. Cette couche musculaire existe dans toute la hauteur de la colonne, mais elle ne constitue pas à elle seule le système musculaire des parois du corps.

On remarque en effet que le mésoderme fibreux contient dans son épaisseur, à la partie supérieure de la colonne, des faisceaux de fibres musculaires, qui diffèrent complètement des fibres conjonctives par la netteté de leur contour, par leur volume, et par l'intensité avec laquelle ils se colorent à l'aide des réactifs.

Sur les coupes longitudinales, ces faisceaux de fibres musculaires disposés en sphincter au sommet de la colonne, apparaissent sous forme de points contenus dans de grands alvéoles, qui représentent chacun la coupe d'un faisceau musculaire (pl. 9, fig. 64 et 65, *me*). Ces faisceaux de fibres musculaires commencent à apparaître seulement vers le milieu de la colonne et deviennent plus nombreux et plus serrés en approchant du sommet. Le tissu conjonctif diminue ainsi de plus en plus d'importance ; les fibres musculaires augmentent en nombre ; elles apparaissent non plus comme des faisceaux disséminés, mais comme de véritables lames qui finissent par constituer à elles seules toute l'épaisseur du mésoderme.

Si l'on étudie avec un fort grossissement ces faisceaux de fibres musculaires, sur les coupes transversales de la colonne (pl. 9, fig. 66, *mc*), on voit qu'ils sont disséminés sans ordre, formant une sorte de réseau au sein de la couche conjonctive. Leurs fibres sont entièrement lisses, sans noyau distinct. Le tissu qui les sépare est nettement fibreux ; les noyaux sont devenus plus nets, seulement ils présentent toujours un aspect granuleux ; ils ont des dimensions très inégales, et les fibres conjonctives, coupées en travers, apparaissent comme de fines granulations. C'est en vain que nous avons essayé l'emploi des réactifs et des injections interstitielles dans le but d'isoler les fibrilles conjonctives et les éléments musculaires. Nous avons échoué dans nos tentatives, mais les coupes transversales très minces que nous avons réussi à faire au sommet de la colonne nous ont paru suffisantes pour acquérir une idée exacte de la structure des fibres musculaires et du tissu conjonctif mésodermique.

Ces fibres musculaires contenues dans l'épaisseur du mésoderme, sans être absolument propres au *Calliactis*, n'acquièrent cependant, chez aucun autre Actiniaire, un développement aussi remarquable. L'épaisseur de la zone conjonctive, et les fibres musculaires qu'elle contient, font du *Calliactis* un type à part, et ces particularités nous semblent suffisantes à elles seules pour justifier la séparation de cette Actinie des autres Sagartiadés. Ce développement musculaire explique également la vigueur avec laquelle ce Zoanthaire peut se contracter. L'endoderme du *Calliactis* (pl. 10, fig. 69, *en*) est formé par des cellules renflées à leur extrémité, disposées en touffe, et possédant un noyau et un protoplasma hyalin. L'épaisseur de cette couche est fort variable : tantôt elle est presque égale à celle de l'ectoderme ; d'autres fois, au contraire, elle prend un développement plus considérable.

Les filaments mésentériques projetés par les *Calliactis* sortent par des pores, situés au sommet de la colonne chez les *Sagartia* ; à la base, chez les *Calliactis* et les *Adamsia*. Heider les a cherchés en vain chez le *Sagartia troglodytes*, où ils ne constituent peut-être pas des ouvertures constantes. Chez le *Calliactis*, nous avons été plus heureux que le naturaliste allemand, nous avons pu étudier la structure des pores à l'aide de coupes radiales et tangentielles (pl. 8, fig. 60 et 61). En pratiquant des coupes radiales à la partie inférieure de la colonne d'un *Calliactis*, on voit que les filaments mésentériques sortent par de petits canaux constituant des ouvertures permanentes. Ces tubes mettent la cavité mésentérique en communication avec l'extérieur. Ils possèdent un revêtement cellulaire spécial, qui, par ses caractères, est intermédiaire à l'ectoderme et à l'endoderme. Il n'existe pas, dans les parois de ces canalicules, de fibres musculaires capables, en se contractant, d'interrompre cette communication ; le mésoderme ne montre pas au niveau de ces pores une disposition spéciale ; la rigidité de la couche fibreuse doit contribuer aussi à maintenir ces ouvertures béantes. La coupe que nous avons figurée passait par l'axe d'un de ces petits canaux et contenait dans son ouverture une portion de filament mésentérique.

Disque pédieux. — La base du *Calliactis* adhère aux coquilles avec une si grande ténacité, que souvent elle se détache en partie de l'animal. La disposition des couches est la même, mais le mésoderme ne présente pas cette épaisseur exceptionnelle qui fait du *Calliactis* un type à part parmi ceux que nous avons étudiés. L'ectoderme de cette région sécrète un mucus visqueux à l'aide duquel l'animal se fixe.

Lames mésentéroïdes. — Chez les *Calliactis*, leur disposition et leur structure sont semblables à celles que nous avons déjà décrites chez le *Bunodes*. Le plan médian est nettement fibreux. Sur les coupes transversales, après l'action de l'acide osmique, on distingue de petites vacuoles, qui sont complètement absentes du mésoderme de la colonne. Le système musculaire est représenté par des fibres longitudinales disposées suivant tous les replis du plan fibreux. L'endoderme forme une couche épaisse, constituée par des cellules renflées à leur extrémité, disposées en touffes, contenant un noyau et un protoplasma hyalin (pl. 10, fig. 69). Ces lames mésentéroïdes sont de plusieurs ordres, mais toutes possèdent une structure semblable, et même les plus jeunes ont déjà leur revêtement musculaire. Parmi les filaments mésentériques situés dans la cavité du corps, les uns ne se voient jamais à l'extérieur ; ils possèdent des cellules vibratiles volumineuses et sont complètement dépourvus de nématocystes. Les autres sont lancés par l'animal et sortent en abondance de ses pores; ils ont une structure qu'on peut étudier aisément à l'aide des coupes longitudinales et transversales. Après l'action de l'acide osmique, on distingue, sur les coupes longitudinales, trois zones (pl. 9, fig. 62) : une zone externe, entièrement constituée par des nématocystes, ayant pour la plupart leur fil déroulé; une couche granuleuse, sans structure cellulaire appréciable; enfin un axe fibreux coloré en rose par le picrocarmin et dans lequel sont disséminés des espaces à contenu granuleux. On retrouve, sur les coupes transversales, les trois couches décrites précédemment; en outre on peut reconnaître, à l'aide de ces coupes, le rapport des filaments mésentériques avec le bord interne des lames mésentéroïdes. On voit que ces filaments sont réunis aux cloisons par une partie amincie du plan fibreux qui se continue avec l'axe du filament mésentérique; ce dernier se détache à la suite d'une brusque contraction des fibres musculaires des lames mésentéroïdes, qui doivent rompre la partie fibreuse réunissant le filament à la lame mésentéroïde.

ADAMSIA PALLIATA.

Cette Actinie constitue un type remarquable par sa forme bizarre plutôt que par ses particularités histologiques.

Les tentacules possèdent une structure semblable à celle des espèces que nous venons de décrire; la constitution de la zone mésodermique mérite seule d'être signalée.

L'ectoderme de la colonne renferme des éléments glandulaires semblables à ceux de la plupart des Actiniadés. Le mésoderme sous-jacent forme une mince couche fibreuse, dans laquelle on distingue une zone externe de tissu conjonctif lâche et une zone interne de tissu lamineux; elles renferment toutes deux des noyaux parfaitement visibles. On remarque de plus, au sommet de la colonne, des faisceaux de fibres musculaires circulaires, disséminés dans l'épaisseur de la région interne. Sur les coupes tangentielles, ces faisceaux donnent au mésoderme un aspect réticulé.

Les fibres musculaires longitudinales des lames mésentéroïdes sont peu développées; la région mésodermique contient des vésicules mâles remarquables par leur volume. Les spermatozoïdes sont nettement groupés en faisceaux convergents vers un même point.

La base de cet *Adamsia* prend une forme particulière : elle s'étale en deux ailes dont les extrémités se rapprochent, se soudent, et constituent ainsi une cavité servant de demeure à un Pagure. L'ectoderme de la base sécrète un mucus qui se dépose et forme une couche cornée, constituée par des feuillets colorés en jaune par l'acide picrique.

PHELLIA ELONGATA.

Quelques Zoanthaires malacodermés possèdent une colonne rugueuse, particularité qui avait fait grouper ces espèces dans des sections caractérisées par la présence d'une couche épidermique spéciale. Tels sont le genre *Phellia* parmi les Sagartiadés, et le genre *Edwardsia* parmi les Ilyanthidés. Le *Phellia elongata* est la seule espèce de ce groupe que nous ayons pu étudier.

La longueur et les inégalités de sa colonne lui donnent l'aspect d'un Siponcle ou d'une Holothurie. La couleur terreuse de cette Actinie et les fibres musculaires puissantes qui garnissent ses lames mésentéroïdes lui permettent de se dissimuler facilement au fond des trous où elle habite.

Tentacules. — Nous ne nous arrêterons pas sur la disposition des différentes couches des tentacules. Les éléments dissociés de l'ectoderme nous paraissent seuls dignes d'intérêt. Ils sont dispersés au milieu de nombreuses granulations qui gênent bien souvent l'observateur. Parmi ces éléments (pl. 10, fig. 70), les plus nombreux sont des cellules en voie de formation, munies d'un noyau bien distinct, et quelquefois d'une sorte de pédoncule. On voit aussi des nématocystes peu volumineux, cylindriques, à fil enroulé en spirale et des éléments glandulaires facilement reconnaissables à leur contenu granuleux. Ces diverses sortes d'éléments, qui constituent l'ectoderme des tentacules chez la plupart des espèces, ne forment pas à eux seuls la couche cellulaire externe de cette région. On rencontre en effet, en très petit nombre, des cellules épithélio-musculaires (pl. 10, fig. *a*, *d*). Les unes possèdent un amas protoplasmatique en contact immédiat avec la fibrille; les autres sont mises en rapport avec elle par une partie étranglée, et rappellent ainsi les éléments de l'ectoderme des tentacules de l'*Actinia equina*. On voit encore, dans les dissociations de la même couche, des éléments épithéliaux qui diffèrent des cellules épithélio-musculaires par la nature de leur prolongement basilaire (pl. 10, fig. *b*, *c*, *e*). Ceux-ci, au lieu de constituer des fibrilles distinctes fortement réfringentes et homogènes, colorées en rouge par le carmin, forment au contraire de minces fibres basilaires hyalines, qui paraissent être de simples prolongements de l'enveloppe de la cellule; quelques-unes de ces cellules possèdent un noyau parfaitement distinct; d'autres ont un renflement intermédiaire à la cellule et à la fibrille, semblable à ceux que nous avons décrits chez l'*Actinia equina*. Ces éléments rappellent alors les cellules considérées comme nerveuses chez les Méduses par R. et O. Hertwig (1).

Parois du corps. — Les rugosités de la colonne des *Phellia* sont-elles formées par une couche spéciale? résultent-elles de la desquamation de l'ectoderme, ou bien sont-elles le produit de la sécrétion des glandes de la couche cellulaire externe? Des coupes précédées de l'action de l'acide osmique (pl. 11, fig. 73) montrent d'abord que les plis de la colonne des *Phellia* correspondent à de véritables sillons, et que les crêtes qui les séparent sont formées par l'ectoderme et le mésoderme. On remarque encore que la couche dite épidermique est formée par du mucus ayant agglutiné de petits corps étrangers et constituant une sorte de couche supplémentaire, indépendante de l'animal, sans structure appréciable, et renfermant des grains de sable, des débris de coquilles, des Diatomées, etc. L'ecto-

(1) *Loc. cit.*

derme, fort peu développé, disparaît sous cette zone granuleuse, qui, par son épaisseur, pourrait être considérée comme la couche ectodermique réduite en bouillie. Cependant, en examinant attentivement les coupes faites sur des pièces fixées par l'acide osmique, on distingue une zone très mince située entre la couche de mucus et le bord externe du mésoderme. Cette zone représente le véritable ectoderme. A l'aide d'un fort grossissement, on voit que les éléments qui entrent dans sa composition sont de deux sortes (pl. 11, fig. 74, *ec*). Les uns, cylindriques, à contenu granuleux, sont des glandes à mucus; les autres, ovoïdes, situés au bord de l'ectoderme, dépourvus de tout contenu protoplasmatique, sont des capsules urticantes privées de leur fil. Dans les dissociations de la couche ectodermique, on retrouve les mêmes éléments (pl. 10, fig. 71 et 72). Les cellules glandulaires possèdent quelquefois un renflement terminal, et toujours un contenu granuleux. Les capsules urticantes sont faciles à reconnaître. Ces nématocystes, caractérisés par une sorte de bâtonnet garni de barbelures, situés suivant l'axe de la capsule, sont complètement absents de l'ectoderme des tentacules et paraissent propres aux parois du corps. On rencontre aussi, dans les dissociations de l'ectoderme, des cellules musculaires qui diffèrent de celles des tentacules par la longueur de leurs fibrilles. Il est impossible de confondre ces fibrilles effilées aux deux extrémités et fortement réfringentes, avec des prolongements basilaires de nature nerveuse.

La couche mésodermique est nettement fibreuse. Ses noyaux ne permettent pas de la considérer comme une membrane élastique. La face interne du mésoderme présente des plis circulaires tapissés par des fibres musculaires.

Lames mésentéroïdes. — Elles présentent la structure fondamentale que nous avons déjà montrée chez toutes les Actinies, mais elles sont remarquables, chez le *Phellia*, par le développement exceptionnel de leurs muscles et par l'aspect irrégulier de leurs fibres musculaires. Si l'on examine par transparence un fragment de ces lames mésentéroïdes coloré par le carmin (pl. 11, fig. 75, *en*), on distingue des fibres musculaires longitudinales très volumineuses, situées de chaque côté du plan fibreux; ces éléments sont recouverts par les cellules endodermiques, avec lesquelles elles sont étroitement unies. Les lames mésentéroïdes sont peu nombreuses chez le *Phellia*, mais le système musculaire y acquiert une grande importance. Les lamelles fibro-musculaires résultant des plis de l'axe fibreux des lames mésentéroïdes prennent un développement considérable; elles se groupent, se rapprochent à leur base et forment un faisceau longitudinal parfaitement distinct, situé d'un seul côté de la lame mésentéroïde : cet état est l'exagération du système musculaire des cloisons du *Bunodes*, du *Calliactis*. Ces lamelles fibro-musculaires, dont l'ensemble constitue des faisceaux parfaitement distincts des lames mésentéroïdes, sont réunies à elles par une partie fibreuse qui prend naissance à leur centre au niveau d'une sorte de hile. Chacun de ces faisceaux fibro-musculaires mesure, en coupe transversale, de 2 à 3 millimètres de diamètre.

Les fibres musculaires des lames mésentéroïdes isolées, après l'action de l'acide chromique en solution faible, ou du bichromate d'ammoniaque, présentent très rarement les formes figurées dans les traités classiques (pl. 11, fig. 76, *a* et *b*). L'élément représenté en *a* est à l'état d'extension; celui représenté en *b*, à l'état de contraction; ces fibres sont lisses, dépourvues de noyau, effilées à leur extrémité. Les éléments représentés pl. 11, fig. 77, 78, 79, 80, sont les plus fréquents. Nous nous sommes assuré, en faisant nos observations, que l'irrégularité de leurs formes n'était pas le résultat de nos procédés de dissociation. Si l'on colore ces éléments par le picrocarmin, on remarque que les saillies qui leur donnent un aspect irrégulier et anormal sont toutes situées du même côté de la fibrille; en outre, ces proéminences paraissent être de deux espèces. Les unes, par la manière dont elles se colorent par les réactifs, peuvent être considérées comme de simples ondes de contraction (pl. 11, fig. 77, *on*). Les autres font une saillie beaucoup plus forte, s'isolent davantage de la fibre, possèdent un protoplasma granuleux et quelquefois un noyau bien visible (pl. 11, fig. 78, 79, *ce*), qui ne permettent pas de les confondre avec la fibrille : on doit les considérer comme de véritables cellules qui peuvent même s'isoler presque complètement de la fibre musculaire.

La présence de ces cellules et des ondes de contraction donne aux fibres musculaires des lames mésentéroïdes un caractère particulier qui n'est cependant pas exceptionnel chez les Actiniadés; nous les retrouverons en effet dans les fibres musculaires des parois du corps du *Cérianthe*. Les cellules qui ont avec ces fibrilles des rapports intimes sont certainement endodermiques; aussi nous paraît-il impossible de leur attribuer des fonctions sensitives. On n'ignore pas, en effet, que cette couche est fort peu sensible chez les Zoanthaires; il est bien rare de voir l'animal contracter ses tentacules, même si l'on introduit une aiguille dans sa cavité mésentérique. On le voit, les fibres musculaires des lames mésentériques peuvent avoir avec les cellules de l'endoderme des rapports analogues à ceux qui existent entre les cellules de l'ectoderme et les fibres musculaires des tentacules de plusieurs espèces. Des relations aussi intimes permettent également de supposer que les éléments cellulaires et les fibrilles doivent avoir une origine commune. Ainsi, comme nous le verrons plus loin, tandis que le mésoderme fibreux et les fibres longitudinales des tentacules seraient d'origine ectodermique, les éléments musculaires des lames mésentéroïdes prendraient naissance aux dépens des cellules de l'endoderme.

Les organes de la reproduction sont situés au fond de la cavité mésentérique. L'étude de ces organes, chez les espèces précédentes, nous a fait connaître la structure des vésicules mâles : aussi nous sommes-nous appliqué, chez le *Phellia*, à l'étude des ovaires (pl. 11, fig. 81 et 82). Ils sont remarquables par leur couleur jaune orangé, et se présentent sous la forme de corps pelotonnés, situés au fond de la cavité mésentérique. Les ovules naissent au milieu de la couche mésodermique des lames mésentéroïdes; ils sont ovoïdes, légèrement granuleux, munis d'une vésicule et d'une tache germinative; le tissu fibreux dans lequel ils prennent naissance ne présente aucun caractère particulier. L'endoderme, dont la structure est difficile à apprécier, présente un aspect granuleux; même après l'action de l'acide osmique et des réactifs colorants, sa structure cellulaire n'est pas toujours bien visible : cependant, en examinant certaines coupes, mieux colorées et plus minces, on distingue des stries perpendiculaires au mésoderme, qui représentent tout autant de cellules cylindriques, très longues, remplies de petites granulations colorées en noir par l'osmium.

ILYANTHUS MAZELI, nov. sp.

Le seul individu de cette espèce dont nous avons pu faire l'étude histologique avait été traité par l'alcool; aussi nous a-t-il été impossible d'examiner la structure de ses couches cellulaires, et avons-nous dû borner nos recherches à la région mésodermique.

Sur les coupes transversales, le picrocarmin colore vivement cette couche et permet d'y distinguer deux zones : l'externe, composée de tissu conjonctif lâche; l'interne, formée de tissus lamineux. La couche mésodermique du tube œsophagien, fort peu développée chez la plupart des *Actinies*, acquiert chez l'*Ilyanthus* une épaisseur remarquable. Elle présente une structure nettement fibreuse. Les coupes, légèrement dilacérées, montrent que les fibres conjonctives sont très fines et disposées en faisceaux. Elles rappellent complètement les fibres de même nature des animaux supérieurs. Le mésoderme contient, outre les noyaux colorés en rouge, des cellules beaucoup plus volumineuses, qui prennent, sous l'action du picrocarmin, une coloration orangée. Elles possèdent un noyau bien visible et ont quelquefois un aspect irrégulièrement étoilé. Ces cellules volumineuses, et la densité de la couche fibreuse au sein de laquelle elles sont situées, donnent au mésoderme l'apparence d'un fibro-cartilage. Nous n'avons rencontré chez aucune autre Actinie des cellules mésodermiques de dimensions aussi considérables; nous ne croyons pas cependant qu'on puisse leur attribuer des fonctions spéciales, car elles existent réellement, un peu plus réduites et avec des contours peu différents, chez la plupart des espèces.

Les parois du corps et les lames mésentéroïdes de l'*Ilyanthus* sont très minces; elles portent un faisceau de fibres musculaires longitudinales peu volumineux et presque complètement isolé de la lame mésentéroïde.

CERIANTHUS MEMBRANACEUS, Gmel.

Le Cérianthe possède une structure anatomique spéciale, et diffère des autres Actinies par de nombreuses particularités histologiques.

Le corps du Cérianthe, contenu dans un tube feutré, présente un aspect fusiforme; il est muni d'un pore à son extrémité aborale. Les tentacules, au lieu d'être disposés en cycles difficiles à distinguer, sont groupés en deux couronnes, séparées par une large zone lisse. Au centre des tentacules labiaux se trouve un tube comparable au tube œsophagien des Actinies, maintenu en place par les lames verticales qui s'étendent des parois du corps à la paroi interne de l'œsophage. Ces lames se continuent au-dessous et descendent dans la cavité du corps; elles forment alors de simples membranes portant un filament mésentérique. Leur ensemble constitue la zone des cordons pelotonnés. Plus bas encore, ces lames mésentéroïdes se continuent, les éléments de la reproduction se développent dans leur épaisseur; elles forment ainsi les lames génitales. Deux de ces lames mésentéroïdes se prolongent seules jusqu'au pore aboral, constituant un canal longitudinal, désigné par J. Haime sous le nom de *gouttière interlamellaire impaire*. Tel est en peu de mots le plan anatomique du Cérianthe. Étudions maintenant la structure histologique des différentes régions que nous venons de signaler.

TENTACULES. — Ces appendices sont capables d'une grande extension. Ils possèdent une vive sensibilité et sont couverts de cils vibratiles faciles à apercevoir. Les coupes transversales et longitudinales montrent que ces tentacules sont formés de trois couches (pl. 12, fig. 83 et 84). Une couche cellulaire externe, ou ectoderme, mesurant $0^{mm},15$; son bord externe est indiqué par une mince zone colorée en noir par l'osmium, simulant une cuticule. On aperçoit également des cils vibratiles courts et serrés, agglutinés par du mucus. L'ectoderme est remarquable par le grand nombre de nématocystes qui garnissent son bord externe; ces organes urticants présentent un aspect cylindrique ou légèrement fusiforme. Ils constituent une couche presque continue et se rencontrent plus rarement dans la partie profonde de la couche cellulaire externe. Leur taille est variable, leur fil est presque toujours enroulé en spirale. On voit, exceptionnellement dans les tentacules, les gros nématocystes à fil pelotonné, qui abondent dans les parois du corps. Au-dessous de la zone externe à nématocystes, on distingue une couche formée par les longues cellules, probablement vibratiles, qui vont se terminer entre les capsules urticantes. Ces éléments sont munis d'un ou de plusieurs noyaux. A la partie profonde de l'ectoderme, et immédiatement en contact avec les fibres musculaires longitudinales, on aperçoit sur les coupes longitudinales et transversales, une zone finement granuleuse, colorée en gris par l'acide osmique, très nettement séparée de l'ectoderme et du mésoderme, zone dans laquelle il nous a été impossible de distinguer une structure cellulaire, même par l'emploi des objectifs à immersion.

Le mésoderme des tentacules comprend des fibres longitudinales externes, une couche de tissu conjonctif et des fibres circulaires internes. Sur les coupes transversales (pl. 12, fig. 87 et 88), les fibres longitudinales apparaissent sous la forme de points noirs disposés entre les lames rayonnantes du mésoderme fibreux; ces lames musculaires présentent ainsi en coupe transversale un aspect penné qui n'existe que sur les tentacules du cycle externe. Au-dessous de cette couche musculaire, on remarque une zone très faiblement colorée par l'acide osmique, ayant un aspect homogène. On serait tenté de la considérer plutôt comme une membrane élastique que comme une couche de tissu conjonctif. Au-dessous de cette zone fibreuse existent des fibres circulaires disposées en une seule couche ; sur les coupes longitudinales, elles apparaissent comme une série de points noirs bordant le mésoderme. Si l'on examine la zone fibreuse à l'aide d'un fort grossissement, on distingue des fibrilles très minces, sur lesquelles nous nous arrêterons un instant (pl. 12, fig. 87 et 88, *fn*). L'aspect de ces fibrilles diffère suivant qu'on examine le mésoderme en coupe longitudinale ou transversale. Dans le premier cas, on distingue, au sein de la lamelle mésodermique, des fibrilles très minces, faiblement colorées par l'acide osmique. Elles paraissent partir chacune d'une fibre musculaire circulaire interne, traversent le mésoderme, la couche des fibres musculaires longitudinales, et arrivent dans l'ectoderme. Sur les coupes transversales, ces fibrilles, de nature probablement nerveuse, s'étalent légèrement sur les fibres musculaires circulaires avec lesquelles elles sont en contact, traversent le mésoderme, et arrivent dans les lames fibreuses rayonnantes. Elles mettent ainsi en rapport les fibres circulaires internes et les éléments de l'ectoderme. Plusieurs de ces fibrilles partent quelquefois d'un même point et se ramifient avant de pénétrer dans l'ectoderme. Ces fibrilles ne sont pas de nature conjonctive, elles se distinguent facilement du mésoderme par leur direction et par la couleur qu'elles prennent sous l'influence des réactifs. Bien que notre opinion puisse paraître peu fondée, nous sommes porté à les considérer comme des éléments de communication nerveuse, mettant en rapport les fibres circulaires internes avec les cellules de l'ectoderme.

Si l'on isole par la dissociation une portion du mésoderme d'un tentacule du cycle interne, on distingue à sa surface, au-dessus de la lame conjonctive, deux systèmes de fibres musculaires (pl. 12, fig. 89). Les unes, très longues, disposées en couche serrée, sont les fibres musculaires longitudinales. Les autres, très courtes, sont faciles à distinguer des précédentes par leur volume et leur direction; chacune est en contact avec un petit amas de protoplasma. La lamelle méso-dermique, examinée par transparence, offre un aspect tout à fait comparable à la figure de Ciamician, représentant la lamelle de soutien des tentacules d'un Hydraire (*Tubularia Mesembrianthemum*) (1). Les cellules musculaires sont disséminées au-dessus des fibres longitudinales, elles ne sont pas disposées en couche continue et correspondent peut-être aux fibres circulaires. Les dissociations permettent seules de voir ce système musculaire diffus, qui ne se retrouve pas sur les coupes.

Les appendices du cycle interne se distinguent de ceux du cycle externe par quelques particularités. Les nématocystes ne constituent plus à eux seuls la zone externe de l'ectoderme. On aperçoit en effet, dans cette couche, parmi les capsules urticantes (pl. 12, fig. 85 et 86), des éléments de forme et de dimensions variées, les uns ovoïdes et ne dépassant pas les dimensions des nématocystes, les autres, beaucoup plus volumineux, atteignant presque la couche des fibres musculaires longitudinales par leur extrémité interne, et ne communiquant avec la surface de l'ectoderme que par une sorte de goulot. Ces cellules glandulaires constituent des éléments spéciaux que nous n'avons pas encore rencontrés chez les Actiniadés. Elles renferment un protoplasma coloré en gris par l'osmium, divisé en petits grumeaux serrés les uns contre les autres, et donnant à ces éléments l'apparence d'une glande pluricellulaire. On distingue encore, dans l'ectoderme des mêmes tentacules, des cellules glandulaires plus petites, en forme de raquette ; nous les retrouverons en grand nombre dans l'œsophage et nous les étudierons alors plus attentivement. Les tentacules du cycle interne se distinguent encore, de ceux du cycle externe, par le peu de développement des fibres musculaires. Elles ne sont pas disposées en lames rayonnantes et ne présentent pas, sur les coupes transversales, cette disposition pennée si remarquable;

(1) Ciamician, *Ueber den feineren Bau und Entwicklung von* Tubularia Mesembrianthemum (*Zeitschrift für wissenschaftliche Zoologie*, 1879, t. XXXII).

elles sont simplement rangées en une seule ou plusieurs couches sur la face externe du mésoderme.

L'endoderme offre encore des caractères identiques dans les tentacules du cycle externe et dans ceux du cycle interne. Les cellules formant cette couche possèdent un seul ou plusieurs noyaux et des cils vibratiles longs et peu nombreux. Ces cellules présentent, sur les coupes longitudinales des tentacules du cycle externe, une disposition particulière (pl. 12, fig. 84). Elles sont groupées deux par deux et sont en contact seulement par leur extrémité libre.

On peut, par la dissociation, isoler les éléments musculaires des tentacules (pl. 12, fig. 90 et 91). La forme bizarre de ces fibres, à contours irréguliers pourrait les faire considérer comme des produits artificiels résultant des moyens mis en œuvre pour les séparer. Mais la présence d'un grand nombre de ces éléments encore adhérents à la lamelle mésodermique, et ayant néanmoins des caractères identiques à ceux qui sont représentés (fig. 90 et 91), indique que ces fibres ne sont pas exceptionnelles; elles représentent en effet l'état normal des fibres musculaires des tentacules Chacun de ces éléments se compose de deux parties distinctes : d'une fibre longue, effilée aux deux extrémités, homogène, vivement colorée par le carmin, complètement dépourvue de stries transversales ou longitudinales, qui présente des amincissements et des renflements successifs, au niveau desquels la fibre se met en rapport avec les cellules, tantôt en contact immédiat, tantôt séparées d'elle par un étranglement. Ces cellules possèdent un protoplasma granuleux et un noyau. On voit, par cette description, que les éléments musculaires des tentacules du Cérianthe sont tout à fait comparables aux fibres musculaires pluricellulaires des lames mésentéroïdes des autres Actinies. Les tentacules du cycle interne possèdent encore des éléments contractiles disséminés à la partie profonde de l'ectoderme. Nous les avons déjà décrits, et l'examen de notre figure suffira pour démontrer que ces fibrilles sont semblables aux cellules musculaires des autres Actiniadés.

Œsophage. — L'ectoderme de cette région est formé à peu près uniquement par des cellules vibratiles et des cellules glandulaires. Il présente les plus grandes analogies avec l'ectoderme des tentacules du cycle interne, et s'en distingue surtout par le petit nombre de nématocystes. Les cellules vibratiles sont longues, difficiles à isoler, munies d'un noyau et serrées les unes contre les autres. Elles apparaissent, à un faible grossissement, comme des stries parallèles. Les cellules glandulaires sont de deux sortes, faciles à distinguer à leur forme, et surtout à la nature de leur contenu. Les unes sont le plus souvent ovoïdes et volumineuses. Leur protoplasma, en apparence homogène, se colore très faiblement par l'acide osmique sous l'action du carmin, il prend une teinte rose; il devient violet par l'éosine hématoxylique. Ces cellules glandulaires, semblables à celles qui sont signalées plus haut dans les tentacules du cycle interne, se montrent alors composées de petits corpuscules polygonaux, serrés les uns contre les autres. Ces éléments ont ainsi une apparence finement réticulée. Outre ces cellules glandulaires, on aperçoit en nombre presque égal d'autres éléments de même nature, mais différents par leur forme et par leur contenu. Ils sont plus petits, en forme de bourse ou de raquette, et communiquent avec la surface de l'ectoderme par un étroit goulot. Leur contenu, au lieu d'être homogène, est fortement granuleux; il se compose de corpuscules arrondis, colorés en noir par l'acide osmique, à contour net et bien tranché. Les réactifs colorants ont peu d'action sur eux. L'aspect complètement différent du contenu de ces cellules glandulaires nous autorise à les considérer comme ayant des fonctions parfaitement distinctes; mais nous ne croyons pas qu'il soit possible de préciser et d'assigner à chacune de ces cellules des fonctions spéciales. La seconde forme de cellules glandulaires doit cependant jouer un rôle dans la digestion, car ces éléments existent surtout en grand nombre dans l'œsophage. Les capsules urticantes se rencontrent rarement dans l'ectoderme de cette région. Les cellules vibratiles et glandulaires constituent presque à elles seules la totalité des éléments cellulaires de la couche externe du tube œsophagien.

PAROIS DU CORPS. — J. Haime avait distingué, chez le *Cérianthe*, quatre strates cellulaires : couche épidermique, couche pigmentale, couche à nématocystes; enfin couche cellulaire profonde, dans laquelle les éléments formeraient une véritable membrane délicate et peu résistante. Dans la tunique musculaire, sur laquelle il insiste peu, cet observateur a rencontré une couche de fibres circulaires externes et une couche de fibres longitudinales. Il nous a été impossible de retrouver chez le Cérianthe les quatre couches cellulaires de J. Haime; la disposition des fibres musculaires signalée par ce naturaliste ne concorde pas non plus avec ce que nous avons vu. Nos coupes au niveau de la région moyenne des parois du corps du Cérianthe permettent de distinguer les trois couches fondamentales du corps de toutes les Actiniadés : une couche cellulaire externe ou ectoderme, une zone fibro-musculaire ou mésoderme, et enfin une couche cellulaire interne ou endoderme (pl. 13, fig. 92 et 93). Le mésoderme contient une épaisse couche de fibres longitudinales propre au Cérianthe, n'existant chez aucun autre Actiniaire. Au-dessous d'elle, on voit une mince zone de tissu conjonctif et une couche de fibres musculaires circulaires.

Les parois du corps du Cérianthe présentent l'épaisseur la plus considérable au niveau de la partie moyenne. Elle est due surtout au développement de la couche musculaire. La structure de l'ectoderme varie peu avec les régions. Si l'on examine un fragment de cette couche cellulaire pris sur l'animal vivant, on constate aisément l'absence complète des cils vibratiles. Sur une coupe longitudinale, l'ectoderme mesure 0,23 de millimètre. Son bord externe dessine des lobes qui correspondent à autant de plis cellulaires (pl. 13, fig. 94). L'acide osmique permet seul d'acquérir une idée bien nette de la structure de cette couche cellulaire. On chercherait vainement les quatre strates de J. Haime. Tous les éléments se confondent en une couche unique; ce n'est pas sans peine qu'on peut déterminer les limites d'une zone située à la base de l'ectoderme, tout à fait homologue de la couche granuleuse des Actinies. L'ectoderme, malgré son épaisseur, est formé par une seule couche de cellules très longues, disposées perpendiculairement au mésoderme. Sur les coupes transversales ou longitudinales, ces éléments sont coupés le plus souvent obliquement, et il est alors très difficile de se faire une idée nette de leur disposition.

Ces cellules, qui forment pour ainsi dire la charpente de l'ectoderme, sont très minces et très longues, légèrement renflées à leur extrémité; elles s'étendent depuis le bord externe de cette couche jusqu'à la zone granuleuse, dans laquelle elles se perdent. Leur aspect les rend tout à fait comparab es aux cellules vibratiles des tentacules. Mais l'absence complète de tout mouvement vibratile à la surface de l'ectoderme des parois du corps rend leurs fonctions difficiles à interpréter. Nous ne croyons pas émettre une opinion trop téméraire en les considérant comme des cellules sensitives. Ces éléments se retrouvent d'ailleurs dans les dissociations; leur aspect nous semble propre à justifier notre interprétation. A cause de leur délicatesse, ces éléments sont difficiles à isoler : on les retrouve le plus souvent brisés et presque toujours réunis en faisceau, semblable à celui qui est représenté (pl. 14, fig. 98); quelquefois ils sont isolés. On voit alors qu'ils sont fusiformes avec un ou plusieurs étranglements (pl. 14, fig. 97) et qu'ils se terminent par un mince prolongement, comparable à un cnidocil. Ils contiennent un protoplasma granuleux et se colorent vivement par le picrocarmin.

On rencontre très rarement, dans la couche ectodermique dissociée, des éléments pouvant être considérés comme des cellules musculaires. Le seul que nous ayons aperçu (pl. 14, fig. 96, *h*) était formé par une fibrille mince et très courte, rompue à ses deux extrémités, et par une cellule à protoplasma granuleux, à noyau en contact immédiat avec la fibrille.

Les capsules urticantes attirent tout d'abord l'attention de l'observateur par leur forme et leurs dimensions. Nous insisterons peu sur l'aspect varié de ces éléments. J. Haime a décrit et figuré d'ailleurs avec beaucoup d'exactitude les variétés les plus remarquables. Nous avons même cherché en vain certaines formes représentées par ce zoologiste. Ces nématocystes diffèrent complètement de ceux des tentacules; ils sont beaucoup plus gros; leur fil, au lieu d'être enroulé en spirale, est irrégulièrement pelotonné. Ils sont semblables à ceux qui sont représentés planche 7, fig. 2 et 3, dans le mémoire de J. Haime. Ils sont, pour la plupart, disposés au bord extérieur de l'ectoderme; quelques-uns, cependant, sont encore situés dans l'épaisseur de cette couche. On voit enfin, à la partie profonde de l'ectoderme (pl. 13, fig. 94, *nj*), immédiatement au-dessus de la couche granuleuse, des cellules ovoïdes ou parfaitement sphériques, qui sont tout autant de jeunes nématocystes en voie de formation. Ces cellules sont surtout intéressantes à étudier après l'action de l'acide osmique, qui les fixe parfaitement dans leur forme, et colore leur contenu avec des intensités différentes (pl. 14, fig. 96, *a*, *b*, *c*, *d*, *e*, *f*). Au stade le plus jeune, les capsules urticantes sont représentées par de simples cellules semblables à des éléments épithéliaux. Le protoplasma et le noyau sont primitivement condensés en une masse centrale, fortement colorée par l'acide osmique. A un état plus avancé, ces éléments prennent une forme en raquette, et en même temps on remarque que le protoplasma s'est divisé en deux parties parfaitement distinctes : l'une est faiblement colorée par l'acide osmique; l'autre au contraire a pris, sous l'influence de ce réactif, une coloration noire intense. C'est dans cette dernière partie que le nématocyste va apparaître. Ces cellules deviennent alors parfaitement ovales, et portent à chaque extrémité une sorte de prolongement. Le prolongement filiforme inférieur se perd dans la couche granuleuse; l'autre, celui qui se dirige vers le bord externe de l'ectoderme, présente la forme d'un petit tube. Malgré toute notre attention, il nous a été impossible de voir si ce prolongement est propre au nématocyste, ou s'il est formé par la juxtaposition de deux éléments fibrillaires voisins. Quelle qu'en soit l'origine, nous croyons être en droit de le considérer comme destiné à faciliter la migration de la capsule urticante vers le bord externe de l'ectoderme.

Par quel mécanisme les nématocystes complètement développés atteignent-ils la surface de l'ectoderme? Nous pensons que leur déplacement est produit par la contraction de l'épaisse couche musculaire formant le mésoderme du corps du Cérianthe. Notre opinion n'est ici qu'une simple hypothèse, mais elle est au moins vraisemblable.

Les éléments glandulaires sont, après les nématocystes, les cellules les plus remarquables de l'ectoderme; ils rappellent, par leur forme (pl. 14, fig. 99) et leur contenu, les cellules glandulaires propres aux tentacules et à l'œsophage. Les petits corps polygonaux constituant le protoplasma cellulaire sont faiblement colorés par l'acide osmique, et prennent, sous l'influence du picrocarmin, une coloration rose. La forme de ces éléments est d'ailleurs assez variable : quelques-uns font penser aux nématocystes par leur aspect et leurs dimensions; d'autres sont fusiformes; d'autres enfin, munis d'un prolongement basilaire, possèdent un noyau souvent très volumineux. On le voit, ces cellules glandulaires ne présentent rien de spécial; elles sont presque identiques, par leur aspect et par la nature de leur contenu, à une des formes décrites plus haut dans les tentacules du cycle interne.

Les corpuscules de pigment qui donnent au Cérianthe sa coloration brune siègent dans l'ectoderme. Ils sont très reconnaissables sur les coupes traitées par des solutions faibles d'acide osmique (pl. 13, fig. 94, *p*). Leur couleur brun rougeâtre ne permet pas de les confondre avec les autres éléments. Ils sont souvent disposés en boyaux, entre les cellules de l'ectoderme; leur aspect pourrait alors les faire prendre pour des cellules glandulaires, mais cette confusion n'est pas possible lorsqu'on examine les coupes avec attention. On reconnaît alors bien vite une absence complète de membrane d'enveloppe; leur couleur lève enfin toute espèce de doute.

Outre ces éléments, on remarque, sur les coupes à l'acide

osmique, une zone granuleuse analogue à celle qui existe chez les Actinies, et située à la partie profonde de l'ectoderme. Cette couche contient des fibrilles dirigées suivant l'axe de l'animal, apparaissant sur les coupes transversales comme des points fortement colorés. Ces fibrilles nous paraissent être les seuls éléments différenciés de la couche granuleuse; nous croyons que si le Cérianthe possède des éléments nerveux, ils doivent exister dans cette zone. C'est là en effet que nous les avons rencontrés chez une Actinie. Ils doivent exister dans cette région chez tous les animaux de ce groupe. Cette couche granuleuse acquiert ainsi une grande importance; les minces fibrilles qui la traversent dans tous les sens sont propres à mettre en communication entre elles les parties basilaires des cellules de l'ectoderme, et à établir des rapports entre cette couche cellulaire et les couches musculaires des parois du corps. Le mésoderme du Cérianthe présente un aspect spécial. Le tissu conjonctif ne constitue plus ici, comme chez les autres Zoanthaires, la partie essentielle de cette couche. Les fibres musculaires longitudinales, complètement absentes dans les parois du corps des Actinies, ont acquis chez le Cérianthe une grande importance; elles forment une couche qui peut atteindre 2 millimètres d'épaisseur. Elles sont disposées sur de minces lames rayonnantes dépendant de la couche fibreuse sous-jacente. Nous la décrirons d'abord, et nous étudierons ensuite la disposition des fibres musculaires.

La couche fibreuse du mésoderme mesure $0^{mm},05$. Le bord interne de cette zone paraît régulièrement ondulé sur les coupes longitudinales, et rectiligne sur les coupes transversales. Son bord externe, qui ne présente aucune sinuosité sur les coupes longitudinales, est au contraire irrégulier sur les coupes transversales. Cette couche conjonctive se colore en gris par l'acide osmique, en rose par le picrocarmin; mais ces réactifs ne font apparaître ni fibres, ni noyaux; tout au plus si, par l'emploi du picrocarmin, on aperçoit des stries irrégulières, simples plis de la substance conjonctive, ne correspondant pas à des fibrilles analogues à celles des tentacules.

Les coupes longitudinales radiales (pl. 13, fig. 93) montrent que l'espace entre l'ectoderme et cette mince zone fibreuse est occupé tout entier par des fibres musculaires; mais il est bien difficile, à l'aide de ces seules coupes, de reconnaître la véritable disposition de ces éléments. Les coupes transversales faites au niveau de la région moyenne du corps (pl. 13, fig. 92, et pl. 14, fig. 100), c'est-à-dire au point où la couche musculaire atteint son plus grand développement, sont au contraire bien propres à montrer la disposition des fibres contractiles. Sur ces coupes, on voit des tractus conjonctifs très minces partir de la zone fibreuse, traverser la couche musculaire et se perdre dans l'ectoderme. De chaque côté de ces fibres conjonctives on distingue des noyaux volumineux, fortement colorés par le carmin, représentant, en sections transversales ou légèrement obliques, tout autant de fibres musculaires. Il résulte de l'examen de ces coupes, comparées avec les sections longitudinales, que les fibres musculaires sont disposées sur des lames conjonctives rayonnantes, comparables à celles des tentacules, mais elles prennent ici une importance et un développement exceptionnels.

Par la dissociation, on peut isoler facilement des portions de ces lames musculaires, et observer la disposition des fibres et leur structure. Cet examen nous confirme dans la manière de voir que nous venons d'exposer. Nous remarquons, sur quelques-unes de ces lames, examinées par transparence, un aspect particulier (pl. 14, fig. 101) dû sans doute à l'état de contraction des éléments musculaires; ceux-ci forment de véritables plis, plus ou moins saillants, au-dessus des fibres musculaires. L'aspect offert par ces lames contractées peut alors donner lieu à des interprétations variées. Nous pensons que ces plis représentent de véritables ondes de contraction, et confirment ainsi notre opinion sur certaines saillies offertes par les fibres musculaires des lames mésentéroïdes du *Phellia elongata*. Les fibres musculaires longitudinales des parois du corps du Cérianthe se laissent facilement isoler; on voit alors que ces éléments ne présentent ni stries, ni noyaux. Ils sont volumineux, se colorent vivement par le carmin, et présentent les plis déjà signalés sur les lames musculaires.

Les fibres longitudinales constituent la couche contractile la plus importante des parois du corps du Cérianthe. On distingue cependant, au-dessous de la zone fibreuse, des fibres musculaires circulaires, qui apparaissent sur les coupes longitudinales comme une série de noyaux suivant tous les replis de la partie fibreuse du mésoderme. Cette couche est analogue à celle de tous les Zoanthaires et ne présente rien de particulier.

L'endoderme a été décrit par J. Haime comme une membrane muqueuse formée de cellules polygonales vibratiles, tapissant l'intérieur des tentacules et la cavité mésentérique. Nous avons étudié cette couche cellulaire à l'aide de coupes transversales et longitudinales. Ces dernières, pratiquées sur des pièces traitées par l'acide osmique, sont intéressantes à étudier (pl. 13, fig. 95). Elles permettent de voir, non-seulement la structure intime des cellules de l'endoderme, mais encore la disposition générale de leurs éléments.

L'endoderme du Cérianthe rappelle complètement celui de l'*Halistemma tergestinum*, décrit et figuré par Claus (1). Les cellules sont très longues et minces, renflées à leur extrémité libre et portant de longs cils vibratiles. Leurs noyaux sont le plus souvent invisibles. Cette couche présente encore chez le Cérianthe des cellules glandulaires spéciales que nous avons cherchées en vain chez les autres Actiniadés. Ces éléments se colorent faiblement par l'acide osmique, et peuvent être confondus, à un faible grossissement, avec de simples lacunes. Un examen attentif et l'emploi de certains réactifs colorants démontrent que ces cellules sont de véritables éléments glandulaires, mesurant jusqu'à $0^{mm},04$, et rappelant, par l'aspect de leur contenu, les cellules glandulaires de l'ectoderme.

Nous avons pu, à l'aide de coupes à l'acide osmique et de

(1) Claus, *Ueber* Halistemma tergestinum (*Arbeiten aus dem zoologischen Institut der Universität zu Wien*, 1878, Taf. IV, fig. 9).

dissociations, étudier ces éléments glandulaires de l'endoderme (pl. 14, fig. 102 et 103). Ces cellules, colorées à l'hématoxyline et examinées par un fort grossissement, paraissent subdivisées en un grand nombre d'éléments secondaires, qu'on pourrait prendre pour tout autant de cellules distinctes, si la présence d'un corpuscule, plus fortement coloré par les réactifs et représentant le noyau de la cellule, ne démontrait pas que ces petits corps sont de simples amas de protoplasma serrés les uns contre les autres, et dont les limites sont nettement indiquées par les réactifs. La membrane cellulaire qui les maintient réunis est très délicate et disparaît le plus souvent par la dissociation. Ces cellules présentent alors un aspect sensiblement différent. Les petits corps polygonaux sont alors complètement sphériques, et leur ensemble constitue un corps mûriforme. On trouve encore, dans les mêmes préparations, des cellules représentant les stades plus jeunes des éléments glandulaires contenus dans l'endoderme. Ces cellules ont primitivement un noyau très volumineux; plus tard leur contenu se divise en plusieurs globules à contenu hyalin. A ce stade, elles possèdent encore un noyau et une membrane d'enveloppe distincte; plus tard ces éléments étant constitués, les cellules perdent leur enveloppe et souvent leur noyau. Les cellules vibratiles et les cellules glandulaires sont les seuls éléments de l'endoderme; nous n'avons jamais distingué dans cette couche des corpuscules de pigment ou des nématocystes.

Lames génitales. — Les éléments de la reproduction se développent, chez le Cérianthe, dans la partie inférieure des lames mésentéroïdes. Leur ensemble constitue une zone bien distincte. J. Haime a reconnu, dans son mémoire, l'hermaphroditisme complet du Cérianthe. Nos recherches confirment ces observations. Le Cérianthe offre en effet cette particularité remarquable de posséder les éléments mâles et femelles réunis en même temps chez un même individu. J. Haime a observé par transparence les éléments reproducteurs. Nous avons pensé que pour acquérir une idée juste sur leur situation et leur structure, il fallait recourir aux coupes. Ces sections sont faciles à pratiquer sur les organes durcis et engagés dans la cire (pl. 14, fig. 105 et 106). On reconnaît alors sans difficulté, que les lames génitales sont formées par un plan médian de tissu conjonctif, recouvert sur chacune de ses faces par des cellules endodermiques vibratiles et glandulaires, semblables à celles des parois du corps. Chaque lame génitale est bordée par un filament mésentérique, constitué par des cellules vibratiles et des nématocystes semblables à ceux qui sont représentés fig. 24 et 25 par J. Haime. En juin, les éléments de la reproduction sont complètement formés, et les ovules se manifestent par la saillie qu'ils forment sous l'endoderme. Sur les coupes pratiquées à cette époque, on voit que les ovules et les vésicules mâles sont situés dans un dédoublement de la lame fibreuse mésodermique. Ces œufs sont faciles à reconnaître à leur volume, à leur couche jaune et à leur résistance aux réactifs colorants. Les vésicules mâles, également situées dans le mésoderme, se distinguent des ovules par une taille généralement inférieure, un contenu fortement granuleux, coloré par les réactifs. Chaque vésicule mâle est tapissée intérieurement par une couche de petites cellules polygonales munies d'un noyau. L'amas de granulations situé au centre de chaque vésicule représente des spermatozoïdes, tantôt réunis en une masse centrale, tantôt groupés en faisceau et convergeant vers un point commun.

Chez le Cérianthe (pl. 14, fig. 106), la sortie des spermatozoïdes n'est pas précédée par la formation de cette sorte de canal déférent que nous avons décrit chez l'*Actinia equina*. Les vésicules mâles arrivées à maturité se rompent et laissent échapper les éléments qu'elles renferment. Les spermatozoïdes complètement développés sont semblables à la figure donnée par J. Haime.

La gouttière interlamellaire impaire est formée par deux lames mésentéroïdes se prolongeant jusqu'au pore aboral. Les filaments qui les bordent sont souvent détachés et disposés en bouquets. Leur structure ne diffère pas de celle des filaments mésentériques des Actinies.

CLADOCORA CÆSPITOSA.

Nous insistons peu sur l'histologie de cette espèce, les éléments qui constituent les couches cellulaires étant semblables à ceux que nous allons décrire avec détail dans le paragraphe suivant, à propos du *Balanophyllia regia*. Chez les *Cladocora*, les corpuscules de pigment siègent dans l'endoderme, et rappellent, par leur volume, ceux de l'*Anemonia sulcata*. L'ectoderme est formé par des cellules vibratiles et des espaces hyalins semblables à ceux du *Balanophyllia*. La petite taille de ce Zoanthaire permet d'y pratiquer des coupes d'ensemble après l'action de l'acide picrique, de reconnaître que les lames mésentéroïdes occupent l'espace compris entre les cloisons du polypier, et qu'elles possèdent une structure semblable à celle des Malacodermés.

BALANOPHYLLIA REGIA.

Les Coralliaires de cette section présentent à l'étude des difficultés spéciales souvent difficiles à vaincre. Ce n'est qu'après un séjour prolongé dans l'acide picrique, qu'on peut pratiquer des coupes suffisamment minces.

Tentacules. — Les tentacules du *Balanophyllia* sont garnis de nombreuses verrues (pl. 15, fig. 107). Suivant que ces appendices sont étalés ou contractés, ces verrues paraissent serrées les unes contre les autres ou disséminées à la surface. Elles sont jaunes, et, lorsque les tentacules sont contractés, cette teinte domine. Si l'on coupe d'un coup de ciseau un de ces tentacules et si on l'examine par compression, son ectoderme paraît couvert de cils vibratiles très longs et animés de mouvements rapides. On voit aussi des cnidocils plus courts, coniques, faciles à distinguer des cils vibratiles. En traitant par l'acide acétique, on fait cesser le mouvement vibratile, et les nématocystes lancent leurs fils urticants. La préparation devenue plus transparente ne montre cependant rien de nouveau. Les verrues des tentacules apparaissent nettement comme tout autant de petites pelotes de nématocystes. On peut, à l'aide de coupes longitudinales et transversales, acquérir une idée plus exacte de la structure des tentacules (pl. 15, fig. 108). On voit d'abord qu'ils possèdent la disposition fondamentale de ceux de tous les Zoanthaires. Le bord externe de l'ectoderme est hérissé de cnidocils; au-dessous d'eux, on aperçoit de nombreux nématocystes à fil enroulé en spirale. Ces capsules urticantes sont en rapport, à leur base, avec de longues cellules fibrillaires semblables aux éléments à cnidocils de l'*Actinia equina*. L'aspect de cet ectoderme, en coupe transversale, rappelle ainsi complètement celui des bourses chromatophores. Les cellules glandulaires, si nombreuses dans les tentacules de plusieurs Zoanthaires malacodermés, sont ici complètement absentes. A la base de la couche cellulaire externe, on aperçoit quelques rares cellules pigmentaires et une mince zone granuleuse. Les fibres musculaires longitudinales sont peu nombreuses et apparaissent comme une ligne mince et irrégulière. Le mésoderme se colore faiblement par l'acide osmique; il ne présente ni fibres ni noyaux. L'endoderme est formé de longues cellules munies d'un noyau et d'un protoplasma granuleux.

Œsophage. — L'ectoderme de cette région diffère complètement de celui des parois du corps (pl. 15, fig. 109). Il est formé d'éléments fibrillaires juxtaposés, munis de noyaux fortement colorés par l'osmium. Ces longues cellules sont rarement complètes; le plus souvent elles sont coupées obliquement, ce qui donne alors un aspect granuleux difficile à interpréter. Au bord externe de l'ectoderme, on voit quelques espaces hyalins et des cils vibratiles très longs, semblables à ceux des tentacules. Ces coupes, colorées au carmin, font voir, dans les parties où les éléments sont dissociés, des cellules nettement fusiformes.

Parois du corps. — La colonne du *Balanophyllia* possède une structure anatomique semblable à celle des Malacodermés; on y retrouve les trois couches fondamentales de tous les Actiniaires. Nous étudierons d'abord la couche ectodermique, mesurant de $0^{mm},05$ à $0^{mm},08$. Par l'emploi de l'acide osmique, la structure histologique de cette région est très nette et facile à apprécier (pl. 15, fig. 110). On y distingue des éléments très volumineux, possédant des caractères bien tranchés. Les uns, en forme de massue, sont le plus souvent privés de toute espèce de contenu et apparaissent semblables à des espaces hyalins. Ils peuvent être considérés comme des cellules glandulaires réduites le plus souvent à leur membrane d'enveloppe; elles contiennent quelquefois un protoplasma granuleux rappelant celui des cellules glandulaires du Cérianthe. A la base de l'ectoderme, on distingue une zone remarquable par sa coloration foncée. Elle est formée par de grandes cellules ovoïdes, à contenu granuleux, fortement coloré par l'osmium et à noyau bien visible. Nous pensons que ces éléments doivent être considérés comme des cellules pigmentaires, qui se rencontrent aussi avec des caractères presque identiques dans l'endoderme des parois du corps et des cloisons. Parmi ces cellules volumineuses, on aperçoit des éléments fusiformes légèrement étalés à leur extrémité libre. Les cils des cellules vibratiles, agglutinés par le mucus, sont devenus invisibles.

Cette structure est celle de l'ectoderme du sommet de la colonne. A la base, la proportion des éléments que nous venons de décrire s'est modifiée (pl. 15, fig. 111). Les cellules glandulaires ont presque complètement disparu, les cellules pigmentaires sont moins nombreuses; tandis que les éléments vibratiles ont pris une grande importance et constituent presque à eux seuls la totalité des éléments cellulaires de l'ectoderme.

On retrouve, dans les dissociations de l'ectoderme, les trois sortes de cellules signalées dans le paragraphe précédent. Les cellules glandulaires et les cellules pigmentaires ne présentent aucune particularité méritant de fixer notre attention. Les cellules vibratiles, au contraire, qui sur les coupes se confondent si facilement avec les autres éléments, sont très nettes et peuvent être étudiées avec soin. Elles sont fusiformes et identiques par leur aspect aux éléments décrits par Claus chez une Méduse (*Charybdea marsupialis*), sous le nom de cellules nerveuses épithéliales : cette ressemblance nous autorise à penser que les éléments vibratiles du *Balanophyllia regia* doivent posséder en même temps des fonctions sensitives. Chez ce Zoanthaire sclérodermé, ces éléments supposés sensitifs se présentent sous deux aspects principaux (pl. 15, fig. 112). Ils sont toujours fusiformes, mais leurs dimensions sont variables. On les voit tantôt très courts, d'autres fois au contraire semblables à de longues fibrilles légèrement renflées à une extrémité. Leur forme la plus habituelle est celle qui est représentée fig. 112, *d*. Ces cellules sont donc tout à fait comparables à des éléments fusiformes munis d'un ou de deux noyaux volumineux, se colorant fortement par le carmin. On remarque en outre que les deux parties de la fibrille présentent des dimensions inégales, la portion basilaire étant beaucoup plus mince que l'autre. On rencontre encore, dans les dissociations, des nématocystes très volumineux, mesurant 9 millimètres (pl. 15, fig. 113 et 114). Leur fil est très gros et irrégulièrement pelotonné. Ces capsules urticantes ne siègent pas dans l'ectoderme, mais, ainsi que les coupes le démontrent, dans les filaments des lames mésentéroïdes.

Lames mésentéroïdes. — Leur structure est semblable à celle des Zoanthaires malacodermés. Elles sont constituées par une lame fibreuse centrale, recouverte par une couche de fibres musculaires longitudinales. Ces fibres sont en général peu développées et ne se groupent jamais en un faisceau distinct. L'endoderme qui les tapisse (pl. 15, fig. 115) est formé par des cellules vibratiles très nettes. Elles sont coniques, et leur grosse extrémité est dirigée vers le bord externe ; leurs cils sont très apparents. Ces éléments contiennent un noyau très volumineux, se colorant quelquefois très fortement par l'acide osmique et pouvant alors être considérés comme un corps pigmentaire. Au milieu de ces cellules vibratiles, on en distingue d'autres, ovales ou sphériques, à contenu granuleux, coloré par l'osmium et à noyau bien visible. Elles sont identiques aux cellules pigmentaires que nous avons décrites à propos de l'ectoderme.

Les cloisons calcaires ont nécessairement disparu sur nos coupes; elles doivent cependant être situées entre les lames mésentéroïdes. Elles ont laissé en effet, sur ces lames, des empreintes qui ne peuvent être causées que par elles.

TROISIÈME PARTIE.

EMBRYOGÉNIE.

Les travaux récents sur l'embryogénie des Zoanthaires sont peu nombreux; nous n'aurons à analyser que les belles recherches de M. de Lacaze-Duthiers (1) et les observations du professeur Kowalevsky, d'Odessa (2).

Dans un premier mémoire, le savant professeur de la Sorbonne, après avoir résumé les opinions de M. Milne Edwards et J. Haime, ainsi que celles de Schneider et Rotteken, expose le résultat de ses études. Elles ont porté sur les trois genres *Actinia*, *Sagartia*, *Bunodes*. L'auteur signale les stations habitées de préférence par l'*Actinia Mesembrianthemum*, l'époque de la reproduction, les moyens de se procurer les embryons. M. le professeur de Lacaze-Duthiers a souvent rencontré des individus unisexués; il croit cependant que l'hermaphroditisme est la règle. Les glandes mâles et femelles sont contenues dans l'épaisseur des lames mésentéroïdes : la fécondation doit se passer lorsque les ovules y sont encore renfermés. M. de Lacaze-Duthiers n'a pu observer les premiers phénomènes de la segmentation. Il a vu, peu de temps après la sortie de l'ovaire, apparaître la couche cellulaire externe et interne. Les larves ainsi constituées se couvrent de cils vibratiles, la bouche se manifeste par une dépression obscure et s'entoure d'un bourrelet circulaire. En même temps de nombreux némato-

(1) H. de Lacaze-Duthiers, *Développement des Coralliaires* (*Archives de zoologie expérimentale et générale*, vol. I et II, 1872 et 1873).

(2) Наблюденія надъ Развитіемъ *Cœlenterata*. Moscou, 1873. — Ces études si importantes, publiées malheureusement en langue russe, n'ont pas été suffisamment remarquées.

cystes apparaissent dans la couche externe. M. de Lacaze-Duthiers rappelle le plan général de structure des Actinies, et fait remarquer qu'il borne ses recherches à l'évolution morphologique des Actiniaires, en laissant de côté l'histologie et l'histogenèse. M. de Lacaze-Duthiers croit que l'ectoderme participe à la formation des cloisons; il décrit ensuite le mode d'apparition de ces lames mésentéroïdes. Deux replis apparaissent d'abord et divisent la cavité centrale en deux loges de dimensions inégales. Lorsque ces deux replis primaires sont bien constitués, deux lames, de seconde formation, apparaissent dans la plus grande des loges. Les replis de troisième ordre se montrent ensuite dans la plus petite des deux moitiés primitives restées indivises. Le stade à une cloison est ainsi constitué, mais il est très fugace ; bientôt deux nouvelles cloisons apparaissent dans la plus grande des loges primitives : ainsi s'établit le stade à huit cloisons. La production des replis s'arrête alors un instant et une période de régularisation commence. La cinquième paire de lames apparaît près des replis primaires; deux autres se montrent ensuite : le stade douze est ainsi réalisé. Le développement des cloisons comprend donc deux périodes bien distinctes : une période de formation, et une autre de régularisation. Arrivé au stade douze, le développement des replis s'arrête un instant, les nématocystes deviennent plus nombreux dans l'ectoderme. La naissance des tentacules est régie par les mêmes lois. Après le nombre, c'est la grandeur relative qui est l'objet du travail embryonnaire. Pour la formation des éléments du troisième cycle, c'est-à-dire de douze à vingt-quatre, les lames mésentéroïdes apparaissent par paires. Lorsque les lames ont plus de vingt-quatre tentacules, la formation des replis et des tentacules devient difficile à apprécier. L'éminent professeur de la Sorbonne résume nettement les lois qui découlent de ses recherches. Leur importance et leur complexité font que nous ne pourrions en donner ici qu'une analyse bien incomplète ; aussi préférons-nous renvoyer le lecteur au mémoire original. L'auteur étudie également le développement des larves du *Sagartia Bellis* et du *Bunodes verrucosus;* ses observations confirment celles qui ont pour objet l'*Actinia Mesembrianthemum.*

Dans son second mémoire, M. de Lacaze-Duthiers s'occupe du développement d'un Actiniaire à polypier, l'*Astroides calycularis.* Le savant professeur analyse les travaux des naturalistes qui se sont occupés de cette partie de la zoologie; il fait remarquer qu'aucun d'entre eux ne s'est appliqué à reconnaître les premières traces du dépôt calcaire formant le polypier. Après avoir examiné les ouvrages de M. Milne Edwards et J. Haime, de Schneider et Rotteken, de C. Semper, de Dana, l'auteur expose le résultat de ses recherches. Il divise son travail en deux parties. Dans la première, il étudie le développement du Polype lui-même. Dans l'explication des termes employés pour son mémoire, M. de Lacaze-Duthiers fait remarquer avec raison qu'on appelle *cloisons*, deux parties qui sont cependant complètement différentes : les lames mésentéroïdes des Zoanthaires malacodermés, et les lames calcaires des polypiers. Cette dénomination commune présente de grands inconvénients pour l'étude des Sclérodermés; elle s'applique alors à deux parties essentiellement différentes : aussi l'auteur conserve le nom de cloisons aux lames calcaires des polypiers, et désigne sous le nom de plis mésentéroïdes les lames radiées qui, chez les Malacodermés et les Sclérodermés : portent les filaments mésentériques. M. de Lacaze-Duthiers examine la structure des organes de la reproduction et considère l'*Astroïdes calycularis* comme unisexué. Il n'a pu observer le fractionnement. Les larves sortent du corps de la mère à l'état vermiforme; elles sont semblables à celles du Corail. Les embryons restent pendant longtemps à cet état, et se transforment ensuite subitement en petits disques. Le défaut de transparence rend le développement des cloisons difficile à suivre; cependant on voit que les lois régissant l'ordre de leur apparition sont les mêmes que chez les Malacodermés.

La seconde partie du mémoire de M. de Lacaze-Duthiers est plus importante encore. L'auteur commence par indiquer les principaux traits de l'histologie de l'embryon : il pense que les dénominations d'ectoderme et d'endoderme présentent de nombreux inconvénients, et préfère désigner ces deux zones sous les noms de couche externe et de couche interne. Il regrette que les conditions dans lesquelles il se trouvait placé ne lui aient pas permis de pratiquer des coupes et de faire une étude histologique complète de ces larves.

M. de Lacaze-Duthiers admet deux couches dans le corps des larves de l'*Astroides calycularis*, et pense que la couche externe, contenant les nématocystes, forme les replis mésentéroïdes; l'espace entre ces plis est occupé par le tissu de la couche interne, composée de grosses granulations jaunâtres au milieu desquelles apparaissent les premiers nodules calcaires. L'auteur a réussi à faire fixer quelques larves sur des lames de verre, et a pu ainsi observer le mode de formation du polypier. Il a vu les nodules calcaires destinés à former les cloisons naître avant ceux qui constitueront la muraille. Les cloisons n'apparaissent pas avec la régularité qu'on remarque plus tard chez l'adulte; elles se rencontrent d'abord et se régularisent ensuite, formant alors des cycles de grandeur différente. La columelle est le résultat de dépôts spéciaux qui apparaissent au centre du polypier.

Le professeur Kowalevsky, d'Odessa, a publié à Moscou, en 1873, des observations intéressantes sur l'embryogénie des Cœlentérés. Le chapitre traitant du développement des Actinies a été traduit par M. le professeur Marion (1). Les recherches de l'éminent embryogéniste russe ont porté sur une espèce que l'auteur n'a pu exactement déterminer, mais elle paraît être le *Bunodes verrucosus*. M. Kowalevsky n'a pu observer sur cette espèce les stades de la segmentation; pourtant il a vu un œuf immédiatement après ce phénomène, possédant encore un seul feuillet blastodermique. Au stade suivant, le feuillet interne se forme par refoulement, les bords de l'ouverture se rapprochent ensuite, et les deux feuillets s'amincissent. On remarque bientôt, sur les coupes transver-

(1) *Revue des sciences naturelles*, t. IV.

sales, deux plis uniquement formés par l'endoderme, s'étendant de l'ouverture buccale jusqu'à la moitié inférieure du corps : ce sont les deux cloisons primitives. Pendant que ces cloisons apparaissent, les bords de l'ouverture buccale commencent à s'invaginer et constituent le tube œsophagien par une sorte de refoulement secondaire ; de nouvelles cloisons apparaissent et les anciennes s'accroissent. Bientôt on voit, sur les coupes transversales, entre l'endoderme et l'ectoderme, ainsi qu'au milieu de chaque pli mésentérique, une couche de substance amorphe, sorte de *membrana propria*, considérée par M. Kowalevsky comme appartenant probablement à l'endoderme. Le professeur d'Odessa n'a pas borné ses recherches sur l'embryogénie des Actinies à cette seule espèce ; il a observé la segmentation des œufs de l'*Actinia parasitica*, mais il n'a pu en suivre les stades, à cause de leurs globules de graisse. L'endoderme se forme, chez cette dernière espèce, par scission de cellules du premier feuillet blastodermique, et non par refoulement.

Chez les larves de l'*Actinia aurantiaca*, Kowalevsky a trouvé la cavité centrale remplie par un épais vitellus de nutrition, de telle sorte que l'endoderme ne s'était pas formé par refoulement. Ainsi M. Kowalevsky est de l'avis de M. de Lacaze-Duthiers sur les lois régissant l'apparition des cloisons, mais il ne partage pas son opinion sur le rôle joué par l'ectoderme dans la formation des lames mésentéroïdes. Nous verrons plus loin que son avis a été modifié par des recherches récentes. Le professeur d'Odessa a également observé les larves d'un *Astrea* et du Cérianthe. Il n'a pas vu la segmentation, mais il note chez l'*Astrea* la présence d'un endoderme occupant entièrement la cavité de la larve. L'endoderme du Cérianthe se forme par refoulement.

Nous signalerons encore les observations récentes du professeur Kowalevsky sur le *Sympodium coralloides*, et celles que l'embryogéniste russe a faites en collaboration avec notre maître, M. le professeur Marion, sur le *Clavelaria crassa* (1).

(1) *Zoologischer Anzeiger*, n° 38, 22 sept. 1879.

Les recherches de ces deux savants les ont portés à penser que la couche dite mésodermique des Alcyonaires était d'origine ectodermique, et qu'elle ne peut réellement être considérée comme absolument homologue du mésoderme des Cœlomates. Nous verrons, en exposant les résultats de nos recherches sur l'*Actinia equina* et sur le *Balanophyllia regia*, que nos observations nous conduisent à des résultats analogues.

Nous avons observé les larves de trois espèces appartenant à des groupes différents : l'*Actinia equina*, le *Cérianthe*, le *Balanophyllia regia*. Nos recherches sont sans doute incomplètes, mais elles nous permettent au moins de confirmer les lois posées par M. de Lacaze-Duthiers sur le développement des lames mésentéroïdes, et elles nous autorisent à dire que la couche dite mésodermique des Zoanthaires se développe aux dépens de l'ectoderme.

ACTINIA EQUINA.

On peut aisément obtenir les embryons de cette espèce. Il suffit d'ouvrir la cavité mésentérique à l'époque de la reproduction pour voir s'en échapper des larves à divers états de développement. Cette abondance exceptionnelle de matériaux nous a engagé à les utiliser. Dans son premier mémoire sur l'embryogénie des Coralliaires, M. de Lacaze-Duthiers a étudié le développement de cette espèce avec beaucoup de soin. Aussi n'avons-nous pas la prétention d'arriver à des résultats nouveaux sur le mode de développement morphologique des loges et des tentacules. Le professeur de la Sorbonne laisse de côté, dans son mémoire, l'histologie et l'histogenèse de la larve ; il indique lui-même cette lacune que nous essayons de combler. En outre nous avons déjà signalé le désaccord entre M. de Lacaze-Duthiers et M. Kowalevsky, sur l'origine des lames mésentéroïdes. Nos préparations démontrent que l'ectoderme proprement dit est étranger à la formation de ces cloisons, mais que le mésoderme qui constitue leur axe pourrait passer pour une dépendance de l'ectoderme. C'est en vain que nous avons essayé de surprendre le phénomène de la segmentation, nos tentatives dans ce but n'ont pas réussi. Les embryons les plus jeunes présentaient tous une couche externe déjà complètement différenciée de la masse centrale. Les coupes à travers le corps de la larve nous ont seules permis d'avoir une idée exacte de leur structure. Ces sections à travers des embryons à peine visibles à l'œil nu sont difficiles à pratiquer; ce n'est qu'après des essais plusieurs fois répétés, qu'il nous a été possible de faire des préparations bien nettes et bien conservées. Le stade le plus jeune que nous ayons observé (pl. 16, fig. 116) correspond à la phase embryonnaire bien connue sous le nom de *gastrula*. On voit, sur les coupes longitudinales, la larve déjà composée de deux couches de grosses cellules munies d'un noyau et d'un protoplasma granuleux. Les deux feuillets sont déjà parfaitement constitués, et la présence d'une ouverture de refoulement montre que l'endoderme s'est formé par invagination. La cavité gastrique de la larve, devenue plus tard la cavité mésentérique de l'adulte, est alors complètement vide. Les granulations que nous y rencontrerons plus tard ne se montrent pas encore.

Au stade suivant (pl. 16, fig. 117), l'ectoderme présente, sur les coupes longitudinales et transversales, une structure différente de l'endoderme. Les cellules constituant la couche externe sont alors plus petites, elles deviennent cylindriques et plus tard fusiformes. Les coupes longitudinales passant par l'axe de la larve sont surtout intéressantes à étudier. En effet, les deux feuillets primitifs de l'embryon se renversent dans la cavité gastrique et constituent ainsi le tube œsophagien par une sorte de refoulement secondaire. La couche interne offre moins de modifications que la couche externe; elle est encore formée par de grosses cellules à membrane d'enveloppe délicate et à contenu légèrement granuleux. L'estomac de la larve est occupé par de grosses granulations vitellines.

Dans les coupes transversales de larves plus âgées (pl. 16, fig. 118), les éléments de l'ectoderme sont déjà différenciés, et de jeunes nématocystes commencent à apparaître dans cette couche cellulaire. Les plis mésentéroïdes se dessinent d'abord sous la forme de lobes dépendant uniquement de l'endoderme. Entre les deux couches primitives existe alors une ligne fortement colorée par les réactifs et qui envoie vers le centre de la larve, au milieu des lobes endodermiques, des lames rayonnantes, représentant sur les coupes l'axe des cloisons. L'aspect des sections transversales des larves arrivées à ce stade correspond exactement aux figures de M. Kowalevsky relatives aux stades embryogéniques de l'*Alcyonium palmatum* (1). Cette analogie entre le développement des lames mésentéroïdes d'un Alcyonaire et celles d'un Zoanthaire nous a paru devoir être signalée. M. Kowalevsky considère cette couche formant l'axe des cloisons comme une *membrana propria* dont l'origine est difficile à déterminer. Il nous a été impossible en effet de reconnaître nettement si cette zone dépendait de l'ectoderme ou de l'endoderme. Elle paraît correspondre à la couche des muscles circulaires internes de l'adulte.

Au stade suivant, les plis mésentéroïdes continuent à se former suivant les lois de M. de Lacaze-Duthiers. L'espace entre les cloisons est toujours occupé par une masse probablement vitelline, et qu'on croirait exsudée des tissus de la larve (2); cette masse nutritive est formée par de grosses vésicules semblables à des cellules adipeuses et par des noyaux fortement colorés par les réactifs. Arrivées à cette phase de leur développement, les larves sont d'une étude très instructive, car elles font connaître l'origine de la couche fibreuse ou externe du mésoderme (pl. 16, fig. 119). On remarque à la base de l'ectoderme une zone plus claire, ne constituant pas une couche cellulaire distincte, mais une région granuleuse formée par les extrémités internes des cellules de l'ectoderme. L'épaisseur de cette couche de nouvelle formation augmente avec l'âge; elle tend à se séparer de plus en plus de l'ectoderme et à constituer une bande qui deviendra plus tard fibreuse et formera la plus grande couche dite mésodermique

(1) Kowalevsky, *loc. cit.*, pl. 5, fig. 12.

(2) Comparez aux observations d'Oulianin sur les Geryonides.

des Zoanthaires. Cette origine du mésoderme est difficile à apercevoir chez l'*Actinia equina*, mais elle est très nette, ainsi que nous le verrons plus loin, sur les coupes des larves du *Balanophyllia regia*.

Les larves de l'*Actinia equina*, restées jusqu'alors parfaitement ovoïdes, se modifient. Leur extrémité opposée à l'ouverture buccale s'aplatit et forme le disque pédieux. En même temps les tentacules commencent à apparaître sous la forme de petits tubercules disposés en couronne autour de l'ouverture buccale. L'Actinie, encore errante, possède cependant la structure fondamentale de l'adulte ; les éléments de l'ectoderme continuent à se différencier (pl. 16, fig. 120). Cette couche est alors formée par des cellules glandulaires qui constituent, ainsi que nous l'avons déjà vu, les principaux éléments de l'ectoderme de l'*Actinia equina* adulte. Sur la coupe longitudinale représentée fig. 120, on voit en *t* les premiers tentacules qui, par l'effet de la contraction de l'animal, paraissent être situés complètement en dehors de leur place habituelle. L'endoderme, qui jusqu'alors était presque confondu avec la masse vitelline, constitue maintenant une couche distincte, formée par des cellules allongées à protoplasma à peine granuleux.

CERIANTHUS MEMBRANACEUS.

Deux naturalistes seulement se sont occupés de l'embryogénie du Cérianthe : nous voulons parler de J. Haime et de Kowalevsky. Le premier de ces observateurs a suivi le développement morphologique du Cérianthe et le mode d'apparition des tentacules. Il a vu naître, après un court espace de temps, quatre petits mamelons autour de l'ouverture buccale, mamelons qui se sont ensuite allongés et ont constitué chacun un tentacule. Cet observateur a reconnu qu'il se développait ensuite, entre les deux plus grands tentacules, deux nouveaux mamelons, mais il n'a pu observer leur croissance, les larves ayant toujours succombé après dix ou douze jours.

Les observations de M. Kowalevsky sont plus complètes. Elles se rapportent du reste, comme toujours, aux phénomènes les plus intimes du développement. L'embryogéniste d'Odessa a pu voir l'endoderme apparaître par un véritable refoulement du blastoderme ; il a suivi et figuré les différents stades de cette formation. Il a vu également le tube œsophagien apparaître à la suite d'un refoulement secondaire, et les lames mésentéroïdes prendre d'abord naissance comme des amas de cellules endodermiques. Nous ajouterons peu de chose aux résultats précédents ; cependant nous croyons devoir exposer nos observations, quelque incomplètes qu'elles soient.

Le 16 juin, nous avons remarqué qu'un Cérianthe pris la veille avait rejeté des œufs, encore contenus pour la plupart dans un amas de mucosités flottant à la surface de l'eau. La plupart des œufs soumis à notre examen n'étaient pas fécondés ; en les traitant par la glycérine et l'acide acétique, ils paraissaient constitués par de grosses granulations vitellines, sans aucune apparence de segmentation. Les coupes que nous avons pratiquées à travers ces œufs nous ont confirmé dans cette opinion. Cependant nous avons trouvé un de ces ovules, certainement en voie de segmentation. Son aspect était comparable à un amas de *pseudova ;* les éléments cellulaires qui le constituaient, n'étaient pas contenus dans un follicule.

Nous regrettons vivement d'avoir laissé passer ce stade sans le dessiner, car il nous a été impossible de le retrouver. Le lendemain, malgré la précaution que nous avions prise de changer l'eau du cristallisoir, la plupart de ces ovules étaient en décomposition. Nous les avons alors négligés, les considérant comme non fécondés. Aussi avons-nous été bien étonné, lorsque quatre ou cinq jours après, le 23 juin, nous avons remarqué quelques larves déjà munies de quatre petits tentacules et nageant à la surface de l'eau. Ces embryons, durcis et coupés d'après la méthode que nous avons déjà indiquée, étaient constitués par deux couches (pl. 16, fig. 121). L'ectoderme était formé par des cellules fusiformes pourvues de noyaux et de vésicules hyalines. L'endoderme était composé de cellules à membrane délicate et à protoplasma légèrement granuleux. Leurs dimensions et leurs formes étaient variables. Les unes sont en massue, les autres cylindriques : elles constituent une couche d'épaisseur différente, suivant les régions examinées. Nous avons nettement aperçu, sur plusieurs de nos coupes, les corps filamentaires signalés par M. Kowalevsky et qui sont les premiers filaments mésentériques. Si l'on étudie ces coupes longitudinales à l'aide d'un fort grossissement (pl. 16, fig. 122), on remarque, entre l'ectoderme et l'endoderme, une ligne plus foncée correspondant à la zone considérée chez les Actinies comme une *membrana propria*. On voit encore sur le bord interne de cette zone une série de petits points, représentant les coupes de tout autant de fibres musculaires circulaires. La ligne noire située immédiatement sous l'ectoderme doit correspondre à des fibres longitudinales. Les larves possèdent donc un système musculaire déjà différencié, qui leur permet de changer de forme et de nager avec rapidité.

BALANOPHYLLIA REGIA.

Le *Balanophyllia regia* vit sur nos côtes en grande abondance, et dans des conditions semblables à celles que signale M. de Lacaze-Duthiers pour l'*Astroides calycularis* du littoral de l'Algérie. Les ovules non fécondés, encore contenus dans les lames mésentéroïdes de la mère, sont volumineux et possèdent un protoplasma granuleux, facile à apercevoir.

Le 30 juillet, plusieurs *Balanophyllia* avaient rejeté par la bouche des larves vermiformes couvertes de cils vibratiles, de couleur jaune orangé et ayant en moyenne de 1 à 2 millimètres de longueur. Nous pûmes recueillir quelques-unes de ces larves, qui tantôt nageaient rapidement, tantôt au contraire flottaient à la surface de l'eau. Elles étaient peu nombreuses, et nous ne pûmes les utiliser que pour en dessiner le facies (pl. 17, fig. 123). Le 17 août, nous vîmes que les *Balanophyllia* vivant dans nos cristallisoirs avaient de nouveau donné naissance à des larves semblables aux précédentes.

Nous avons pu, cette fois, suivre leurs transformations. Elles sont restées longtemps à l'état vermiforme. Le 25 août seulement, nous avons constaté une modification dans leur aspect. Elles étaient alors renflées à une de leurs extrémités (pl. 17, fig. 124), et leurs allures s'étaient sensiblement modifiées : au lieu de nager avec rapidité, elles se laissaient balancer de préférence à la surface de l'eau, leur petite extrémité dirigée en bas. En les examinant au microscope, on distinguait des côtes longitudinales correspondant à tout autant de cloisons. Nos larves ont conservé cette forme jusque dans la soirée du 3 septembre. Le lendemain, deux d'entre elles s'étaient subitement transformées en petits disques, mesurant 2 millimètres de diamètre (pl. 17, fig. 125). Tantôt elles nageaient à la surface, tantôt elles restaient appliquées aux parois du cristallisoir. On peut, sans employer les coupes, étudier la structure des larves arrivées à cet état ; les granulations vitellines forment alors une masse centrale jaune orange, constituant un amas moins opaque. On reconnaît que ces larves possèdent déjà douze lames mésentéroïdes et un ectoderme bien distinct. L'acide acétique et la glycérine rendent cette structure plus apparente. C'est en vain que nous avons disposé des lames de verre, dans le but de faire fixer ces larves discoïdes ; nos tentatives ont été infructueuses, et nous avons renoncé à observer la formation des premiers nodules calcaires. Cependant nous avons pu étudier, bien imparfaitement il est vrai, un jeune *Balanophyllia* fixé sur les pierres avec les individus adultes, possédant déjà douze cloisons et douze tentacules. Notre examen nous porte à penser que les cloisons calcaires doivent se développer conformément aux lois formulées par M. de Lacaze-Duthiers pour l'*Astroides calycularis*.

L'étude histologique des larves du *Balanophyllia* nécessite des précautions particulières, si l'on veut obtenir des coupes entières et minces. L'acide chromique, employé suivant les procédés ordinaires, n'est pas suffisant. Son action n'étant pas assez prompte, les larves se contractent et se déforment complètement ; si l'on prolonge au contraire son action pendant quelques jours, l'ectoderme se détache et la pièce est alors perdue. Nous avons employé avantageusement le mélange d'acide chromique et d'acide osmique, proposé par Flesch, prosecteur à Wurtzbourg. Mais la dose d'acide osmique qui entre dans la liqueur est trop forte ; les larves traitées par ce mélange deviennent très noires et difficiles à utiliser. Nous avons employé une solution contenant la moitié moins d'acide osmique, et nous ne l'avons laissée agir sur les larves que pendant dix à douze heures seulement ; après cet intervalle de temps, nous avons remplacé la liqueur de Flesch par la solution d'acide chromique, complétant le durcissement.

Nous avons réussi à pratiquer des coupes sur des larves à l'état vermiforme, sortant du corps de la mère, et sur des embryons plus âgés, possédant déjà des cloisons.

Sur les larves les plus jeunes (pl. 17, fig. 128), on distingue nettement une couche ectodermique et une masse centrale endodermique ; on remarque que les cellules de la portion de l'endoderme en contact avec l'ectoderme présentent une forme spéciale. Elles sont très volumineuses, allongées, contiennent des nucléoles fortement colorés par les réactifs et de grandes vésicules hyalines. Au centre de la masse vitelline constituant l'endoderme, ces cellules disparaissent, les vésicules nyalines persistent seules. L'ectoderme est formé par des cellules fusiformes munies d'un ou de plusieurs noyaux ; ces cellules n'ont pas cet aspect cylindrique qu'on donne habituellement aux éléments de la couche externe : nous nous sommes attaché à reproduire leur forme avec exactitude. Ces deux feuillets primitifs ne sont pas encore séparés par la zone connue sous le nom de *membrana propria ;* elle apparaît plus tard. L'épaisseur de l'ectoderme augmente à mesure que les larves deviennent plus âgées. Chez les larves déjà munies de six cloisons au moins, on distingue entre l'ectoderme et la masse centrale, une mince zone granuleuse, sur laquelle nous reviendrons plus loin. Décrivons d'abord l'aspect général de ces coupes (pl. 17, fig. 126 et 127). Les sections longitudinales démontrent que le tube œsophagien est ici, comme chez les Actinies, une dépendance de l'ectoderme ; il provient d'un refoulement de cette zone cellulaire externe, dans la masse endodermique. Sur les coupes transversales, les grandes cellules situées au bord externe de l'endoderme des larves vermiformes ont disparu ; les vésicules hyalines persistent et forment la totalité de la masse endodermique. L'aspect de cette zone est alors identique à la région homologue de l'*Astrea* figurée par M. Kowalevsky (1). Les cloisons sont difficiles à distinguer ; six d'entre elles sont complètement développées ; d'autres, plus petites, sont en voie de formation, et ne sont visibles que grâce au prolongement de la *membrana propria*, qui constitue leur axe. Les cellules de l'endoderme sont surtout plus volumineuses au centre. La structure de l'ectoderme des larves arrivées à ce stade est bien plus complexe que chez les larves vermiformes. On distingue alors des éléments fusiformes fortement colorés par les réactifs, et dont quelques-uns possèdent un contenu granuleux. On voit encore, au bord externe de cette couche, une série continue de petites cellules en raquette, portant chacune un noyau distinct (pl. 17, fig. 129). Ces éléments sont absents dans l'ectoderme des larves vermiformes; ils doivent constituer les cellules en forme de massue, que nous avons décrites dans l'ectoderme des individus adultes.

Nous avons déjà signalé, en étudiant le développement des larves de l'*Actinia equina*, la naissance du mésoderme aux dépens de l'ectoderme. Nos observations sur l'origine périphérique de la zone fibreuse du *Balanophyllia* confirment ce que nous avons vu sur l'*Actinia equina*. Sur les coupes transversales et longitudinales, on remarque, à la base de l'ectoderme, une bande granuleuse, qui se distingue nettement de la couche cellulaire externe et de la *membrana propria* sous-jacente (pl. 17, fig. 129). En examinant cette zone à l'aide

(1) *Loc. cit.*, pl. 5, fig. 18.

d'un fort grossissement, on ne distingue aucune apparence cellulaire; on remarque seulement que la région devient plus épaisse avec l'âge des larves et qu'elle tend à prendre de plus en plus un aspect fibreux. Elle finit bientôt par constituer la plus grande partie de la couche dite mésodermique chez l'adulte. On voit ainsi que les résultats de nos recherches sur l'origine du mésoderme concordent entièrement avec les idées de M. le professeur Kowalevsky et de notre maître, M. le professeur Marion, sur le mésoderme des Alcyonaires (1). En outre, il importe de remarquer que nous confirmons ainsi indirectement les opinions de M. le professeur de Lacaze-Duthiers sur le rôle joué par l'ectoderme, dans la constitution des cloisons mésentéroïdes des Actiniaires.

CONCLUSIONS.

Nous croyons ne pas devoir terminer ce travail sans indiquer en quelques mots les résultats les plus importants de nos observations. La faune des Zoanthaires de nos côtes méditerranéennes nécessitait quelques recherches. Nous avons indiqué le facies de cette faune en signalant les espèces les plus habituelles qui la constituent; nous avons décrit aussi quelques types nouveaux ou peu connus. Parmi les Malacodermés, trois étaient inédits ; nous avons insisté, en les décrivant, sur les caractères qui nous semblaient les plus essentiels et les plus constants. Nous avons pensé cependant que les descriptions de ces êtres inférieurs sont toujours insuffisantes, aussi avons-nous joint à notre texte des aquarelles qui permettront de les reconnaître facilement. Plusieurs espèces, parmi celles que nous considérons comme déjà connues, avaient été simplement signalées, sans description détaillée par les auteurs qui se sont occupés de l'histoire naturelle des Zoanthaires : tels sont le *Paractis striata* sp., Risso ; le *Phellia elongata* sp., Delle Chiaje. Nous nous sommes appliqué à les

(1) *Loc. cit.*, Kowalevsky et Marion.

étudier comme si elles étaient nouvelles. Les espèces telles que l'*Actinia equina*, l'*Anemonia sulcata*, sont bien connues des naturalistes, elles méritaient moins de fixer notre attention ; les individus représentant ces espèces sur nos côtes devaient cependant être mentionnés, car ils possèdent des particularités zoologiques intéressantes. De même le *Palythoa arenacea* se présente dans nos régions sous deux facies complètement différents ; nous les avons reproduits aussi exactement que possible. Une espèce nouvelle du groupe des *Zoanthinæ*, le *Palythoa Marioni*, nous a été rapporté alors que nos planches étaient déjà lithographiées ; c'est à regret que nous n'avons pu joindre à notre travail le dessin de cette espèce nouvelle et spéciale à la région profonde de notre golfe. Les Sclérodermés que nous citons sont, pour la plupart, bien connus. Nous avons signalé seulement leur distribution bathymétrique.

La plupart de nos espèces se rencontrent fréquemment dans nos régions, l'*Ilyanthus* seul est rare. Aussi la liste que nous donnons nous paraît-elle propre à caractériser la faune des Zoanthaires de nos côtes de Provence. Elle comprend la plupart des espèces signalées par les auteurs, Delle Chiaje, Risso, Grube, Contarini, qui se sont occupés spécialement des Invertébrés de la Méditerranée. Nous renvoyons aux pages précédentes pour tous les détails zoologiques qui ne peuvent retrouver leur place ici.

Mais, en nous engageant dans cette étude zoologique, nous avons bien vite reconnu que ces Cœlentérés devaient être examinés d'une manière plus approfondie. Le groupe des Zoanthaires avait été longtemps négligé par les anatomistes et les histologistes ; nous essayerons de résumer en quelques pages les résultats de nos propres recherches. Nous passerons rapidement en revue les tissus du corps des Actinies, en indiquant, pour chacun d'eux, les faits les plus importants.

Une différenciation histologique avancée et l'absence presque complète d'organes constituent le fait anatomique général et essentiel, sur lequel nous croyons devoir surtout attirer l'attention.

Les éléments qu'on pourrait comprendre sous la dénomination de tissu de cellules restées autonomes constituent l'ectoderme et l'endoderme. De ces deux couches cellulaires, la première, en rapport plus direct avec le monde ambiant, se différencie davantage. Les éléments qui la forment, sont des cellules vibratiles urticantes, glandulaires, pigmentaires et sensitives. La proportion différente de ces éléments suivant les régions et les espèces, donne aux coupes des aspects variés qui correspondent en définitive à des différences de structure. L'ectoderme des tentacules varie fort peu chez les Actinies, et cette uniformité d'aspect est due à la présence constante de nombreuses capsules urticantes mêlés à des éléments à cnidocils. L'ectoderme des parois du corps offre au contraire des aspects différents, suivant les types. Il suffit de citer le *Bunodes*, le *Calliactis*, le *Phellia*, les *Sclérodermés*, pour rappeler combien la structure de cette région est quelquefois difficile à interpréter. On trouve constamment à la base de cette couche une zone granuleuse; nous avons vu que cette partie de l'ectoderme contenait les éléments nerveux.

La couche cellulaire interne, ou endoderme, est d'une simplicité remarquable ; elle diffère à peine de celle de la larve. Les cellules sont longues en général, renflées à leur extrémité libre, munies de longs cils vibratiles. Les corpuscules de pigment sont quelquefois très nombreux dans cette couche (*Anemonia sulcata*). Chez le Cérianthe, nous y avons rencontré des cellules glandulaires remarquables par leur contenu et leur volume. Elles constituent une différenciation exceptionnelle.

Les cellules vibratiles représentent la forme épithéliale la plus répandue dans l'ectoderme; elles ont un aspect fibrillaire et leur extrémité interne effilée se perd dans la couche granuleuse. Leur extrémité externe se renfle légèrement, s'étale même un peu au-dessus des éléments glandulaires et porte quelquefois un seul, d'autres fois plusieurs cils vibratiles, dont les dimensions dépassent souvent celles des cnidocils. La délicatesse de ces cellules permet rarement de les observer dans les dissociations. Ces éléments doivent, à notre avis, posséder des fonctions sensitives. L'observation de ces cellules dans les tentacules du Cérianthe, et leur comparaison avec les éléments sensitifs des parois du corps, montrent que ces deux sortes d'éléments diffèrent seulement par la présence ou l'absence de cils vibratiles. Ils existent aussi bien chez la plupart des Malacodermés que chez les Sclérodermés. La colonne du *Phellia* et celle du Cérianthe sont dépourvues de ces cellules, qui sont d'ailleurs toujours plus nombreuses dans les tentacules que dans les parois du corps.

Les cellules glandulaires ectodermiques sont remarquables par leur volume et par leur nombre. Elles présentent des aspects variés. Leur contenu granuleux, coloré en jaune orangé par le picrocarmin, ne permet pas de les confondre avec les autres éléments. Le plus souvent, elles sont en forme de massue et constituent, ainsi que nous pensons l'avoir démontré, les verrues du *Bunodes*, dont la nature et les fonctions étaient encore inconnues. Elles sont disséminées dans l'ectoderme de la plupart des espèces, où elles apparaissent souvent privées de leur contenu, et comme de simples espaces hyalins; quelquefois elles sont plutôt sphériques et à contenu fortement granuleux. Elles portent toujours un prolongement et même un renflement basilaire. Ces cellules glandulaires se vident par la rupture de leur membrane d'enveloppe. On distingue, dans l'œsophage, des éléments glandulaires semblables par leur forme à ceux que nous venons de décrire, mais bien différents par la nature de leur contenu. Celui-ci, au lieu d'être granuleux, se montre toujours homogène, et il se colore en noir par l'osmium. Ces cellules nous semblent caractéristiques de l'ectoderme du tube œsophagien. On observe encore dans l'ectoderme de plusieurs espèces des cellules glandulaires à aspect varié. Les unes sont en forme de bourses et à contenu hyalin. Les autres, propres au Cérianthe, affectent deux types différents. Les plus nombreuses, ovoïdes ou fusiformes, mais toujours dépourvues de prolongement basilaire, contiennent un protoplasma homogène, formant de petits corps polygonaux colorés en gris par l'acide osmique, en rose par le picrocarmin. Les réactifs ne font jamais apparaître de granulations au sein de ces cellules. Le noyau est quelquefois très net ; il semble d'autres fois faire défaut. Dépouillés de leur membrane d'enveloppe par la dissociation, ces éléments apparaissent comme des corps mûriformes. Ces cellules glandulaires ne sont pas spéciales à une région déterminée ; elles existent dans l'ectoderme des tentacules du cycle interne, dans celui du tube œsophagien et des parois du corps. Dans le tube œsophagien du Cérianthe, on rencontre, en assez grand nombre, sur les coupes, des cellules glandulaires différentes de celles que nous venons de décrire. Elles sont en forme de raquette ou de bouteille et communiquent avec l'extérieur par un étroit goulot, facile à distinguer sur les coupes ; elles possèdent un contenu très fortement granuleux.

Les corpuscules de pigment qui donnent aux Actinies leurs couleurs variées ne sont pas situés spécialement dans l'une ou l'autre des trois couches fondamentales du corps des Zoanthaires. Ils se rencontrent quelquefois dans l'ectoderme ; dans le mésoderme, chez le *Calliactis* ; mais, le plus souvent, ces corpuscules siègent dans les cellules de l'endoderme. Le *Balanophyllia regia* est la seule espèce où les corps pigmentaires soient contenus dans des cellules spéciales situées dans l'ectoderme. Ce fait n'est pas commun à tous les Sclérodermés. Chez le *Cladocora*, nous avons vu les éléments pigmentaires rappeler, par leur disposition dans l'endoderme, la structure de la couche cellulaire interne de l'*Anemonia sulcata*.

Les cellules épithéliales sensitives sont très répandues chez les Zoanthaires. Elles se présentent avec leurs caractères les plus nets, dans les bourses chromatophores de l'*Actinia equina*. Mais ces éléments ne sont nullement spéciaux à ces petits organes. Ils se rencontrent en effet, avec des caractères presque identiques, dans les tentacules et même dans les parois du corps de la plupart des espèces. Ces éléments sensitifs sont essentiellement constitués par une mince fibrille, portant un ou plusieurs renflements protoplasmatiques terminés à leur extrémité libre par un renflement conique, surmonté lui-même d'un ou de deux cnidocils. Les nématocystes ont avec les cellules sensitives des rapports intimes. Les éléments sensitifs peuvent exister cependant d'une manière indépendante, et nous avons vu que l'ectoderme des parois du corps du *Calliactis*, complètement dépourvu de capsules urticantes, possédait cependant des cellules à cnidocils semblables à celles des bourses chromatophores de l'*Actinia equina* et des tentacules du *Balanophyllia regia*. Les fibrilles à cnidocils ne constituent pas les seuls éléments sensitifs des Actinies. Nous avons rencontré en effet, dans l'ectoderme des tentacules, chez le *Phellia*, des cellules épithéliales semblables aux éléments épithélio-musculaires, mais portant à leur base, au lieu d'une fibrille distincte, un ou deux prolongements très minces, qui se perdent dans la couche granuleuse.

Les capsules urticantes affectent, chez les Sclérodermés, des aspects variés, qui peuvent se ramener à trois types essentiels. Le plus commun est celui en forme de fuseau, avec fil urticant enroulé en spirale. Il est très répandu chez les Actinies, et existe chez tous les individus de nos côtes. On rencontre encore, chez les Zoanthaires, des nématocystes beaucoup plus volumineux, à fil pelotonné se déroulant avec lenteur. Ils existent seulement chez le *Corynactis*, le *Cérianthe* et les Sclérodermés, où ils se rencontrent surtout dans les parois du corps. La troisième forme de capsules urticantes possède, au lieu d'un fil, un bâtonnet garni de barbelures disposées en spirale. Le Cérianthe présente ces trois sortes de capsules urticantes : la première est propre à ses tentacules, la seconde aux parois de son corps, la troisième aux filaments qui bordent les lames mésentéroïdes.

L'ectoderme des Actinies possède encore d'autres éléments connus depuis quelque temps déjà chez certains Cœlentérés, tels que l'Hydre et la Lucernaire, mais qui n'ont pas encore été signalés chez les Zoanthaires. Ces cellules sont analogues aux éléments neuro-musculaires de Kleinenberg, et nous les désignons, dans le cours de notre travail, sous le nom de cellules épithélio-musculaires. Nous rappellerons les particularités que ces éléments contractiles présentent chez les Actinies, lorsque nous nous occuperons du tissu musculaire.

Le tissu conjonctif est très répandu chez les Actinies ; il forme la région dite mésodermique et le plan médian des lames mésentéroïdes. C'est dans son épaisseur qu'apparaissent, ainsi que nous l'avons vu, les œufs et les vésicules mâles. Ce tissu se présente avec des caractères histologiques variables : il est souvent nettement fibreux ; les minces fibrilles et les noyaux rappellent alors le tissu conjonctif des animaux supérieurs. Chez quelques espèces, ces fibres conjonctives forment dans le mésoderme un véritable tissu lamineux, pouvant acquérir, chez le *Calliactis*, une épaisseur exceptionnelle. La structure fibreuse de cette région n'est pas toujours facile à apprécier. Chez quelques types, on pourrait la considérer comme une membrane élastique homogène. Dans d'autres cas au contraire, le mésoderme renferme, non plus de simples noyaux, mais de véritables cellules à contour irrégulier, et donnant à cette couche l'aspect de certains fibro-cartilages.

La disposition du système musculaire varie peu chez les Actinies, et le Cérianthe constitue seul un type à part. Dans les tentacules, les fibres musculaires forment une couche circulaire interne et une couche longitudinale externe, présentant, sur les coupes transversales, un aspect penné, très net sur les espèces à tentacules rétractiles. Les parois du corps sont complètement dépourvues de fibres longitudinales ; mais elles présentent des fibres musculaires circulaires nombreuses, surtout au sommet de la colonne où, chez quelques types (*Calliactis*), elles sont disposées au sein du mésoderme fibreux. Ces fibres constituent une couche continue qui ne s'interrompt pas au niveau des lames mésentéroïdes. Les dissociations de l'ectoderme et de l'endoderme font voir que ces couches cellulaires possèdent encore des cellules musculaires disséminées à la partie profonde, et nombreuses surtout dans les tentacules.

Ces éléments ne sont jamais assez abondants pour constituer une couche distincte appréciable sur les coupes. Ils forment un système musculaire diffus, bien visible sur les tentacules du Cérianthe. Les lames mésentéroïdes possèdent un système musculaire d'une grande puissance. Des fibres musculaires longitudinales sont disposées sur les deux faces de la lame fibreuse, et en tapissent tous les replis. Leur ensemble va même jusqu'à constituer une sorte de faisceau presque complètement distinct. Le système musculaire du Cérianthe présente une disposition spéciale. Les fibres musculaires longitudinales, complètement absentes dans les parois du corps des Actinies, prennent au contraire, chez le Cérianthe, une importance remarquable; elles sont disposées sur des lames conjonctives rayonnantes et rappellent en coupe transversale la disposition pennée des fibres musculaires des tentacules.

Les éléments contractiles des Zoanthaires sont des fibres musculaires lisses qui se rapportent toutes, plus ou moins, à la forme connue sous la dénomination de cellules épithélio-musculaires ou plus simplement sous le nom de cellules musculaires. Certains de ces éléments sont tout à fait comparables, par leur simplicité, à ceux des parois du corps de l'Hydre d'eau douce, tels que les décrit Korotneff. Ils se composent de deux parties : une cellule et une fibrille en contact plus ou moins intime. La cellule possède un contenu protoplasmatique granuleux, s'étalant plus ou moins sur une fibrille lisse, homogène, fusiforme, sans noyau distinct. La portion cellulaire n'est pas toujours en contact immédiat avec elle, quelquefois ces deux parties sont réunies par la région basilaire, très amincie, de la cellule. Ces éléments présentent les aspects les plus variés, ainsi qu'il est facile de s'en assurer en examinant les figures qui accompagnent notre travail. Les fibres musculaires des lames mésentéroïdes et celles des parois du corps du Cérianthe sont très longues et résultent de la réunion de plusieurs cellules musculaires; aussi les désignons-nous sous le nom de fibres musculaires pluricellulaires. Ces fibrilles possèdent encore des sortes de renflements latéraux, qui ne sont pas des cellules, mais de simples ondes de contraction faciles à distinguer des amas protoplasmatiques par leur aspect homogène. Ces ondes de contraction se voient très nettement sur les lames musculaires du Cérianthe isolées par la dissociation.

C'est en vain que nous avons recherché, chez les Actinies, un système nerveux central. Le résultat négatif de nos observations ne nous a pas surpris. Les Zoanthaires, possédant en effet des éléments glandulaires, sensitifs, musculaires, disséminés sur toute la surface du corps, et non groupés en organes, il était permis de supposer que les éléments nerveux ne devaient pas constituer un fait exceptionnel. Des éléments de nature nerveuse existent en grand nombre à la base de l'ectoderme des tentacules, chez le *Calliactis*. Il est facile de démontrer leur présence par la dissociation. On peut reconnaître alors des cellules et des fibrilles analogues aux éléments décrits chez les Méduses, par R. O. Hertwig, sous le nom de cellules ganglionnaires et de cellules nerveuses. Cette ressemblance, nous pourrions même dire cette identité d'aspect, nous autorise à les considérer comme étant de nature nerveuse. Nous pouvons donc conclure de cette observation, d'abord que les éléments nerveux des Zoanthaires sont semblables à ceux des Méduses, ensuite qu'ils sont ici disséminés à la base de tout l'ectoderme et ne sont pas disposés en anneaux distincts.

Nos observations embryogéniques sont concluantes sur un seul point seulement, l'origine du mésoderme. Nos préparations démontrent que, chez les Zoanthaires, cette couche ne prend pas naissance par une formation cellulaire distincte, mais qu'elle résulte d'une simple différenciation de la région basilaire de l'ectoderme. Une zone simplement granuleuse d'abord, plus tard fibreuse, et d'origine ectodermique, apparaît. Le mésoderme ne constitue pas ainsi une région complètement distincte des deux feuillets primitifs. Nos recherches embryogéniques sur les Zoanthaires confirment ainsi celles de M. Kowalevsky et de M. Marion sur l'origine du mésoderme des Alcyonaires.

Index bibliographique.

L'histologie des Zoanthaires a préoccupé au même moment un grand nombre d'observateurs. Certaines questions doivent ainsi bien des fois s'imposer à l'attention de chacun.

Nos propres recherches ont été faites du mois de février au mois de septembre 1879. A ce moment, et alors que nous avions déjà annoncé nos travaux par une courte note insérée dans les *Comptes rendus de l'Institut* (tome LXXXIX, numéro du 25 août 1879), le mémoire du Dr Heider sur le Cérianthe et celui des frères Hertwig ne nous étaient pas encore parvenus. Le retard qu'entraîne toujours l'impression d'un mémoire accompagné de nombreuses planches nous a permis de signaler en note ces publications; mais il nous semble qu'il convient de ne rien changer à notre texte primitif, dont la forme et le fond conservent toute leur indépendance. Il sera bien plus aisé de déterminer les points définitivement élucidés et ceux bien peu nombreux sur lesquels quelque doute peut subsister.

Nous ajoutons seulement, au moment de l'impression, cet index bibliographique, qui sera d'une grande commodité pour le lecteur.

1710. Réaumur, *Mémoires de l'Académie des sciences.*

1773. Dicquemare, *Mémoire pour servir à l'histoire des Anémones de mer* (*Trans. of the Phil. Society of London*, vol. LXIII, p. 381).

1784. Spallanzani, *Memorie di matematico e fisica della Società italiana di Verona*, t. II, 2e partie, p. 627.

1809. Spix, *Mémoire pour servir à l'histoire de l'Astérie rouge, de l'Actinie coriace, etc.* (*Annales du Muséum*, t. XIII, p. 460).

1816. Lamarck, *Histoire des animaux sans vertèbres.*

1825. Delle Chiaje, *Memoria sulla storia e notomia degli Animali senza vertebre.*

1826. Risso, *Histoire naturelle des principales productions de l'Europe méridionale.*

1829 Wilhelm Rapp, *Ueber die Polypen in allgemeinen und die Actinien insbesondere.*

1830. Blainville, *Manuel d'actinologie.*

1836. Dugès, *Actinia parasitica* (*Ann. sciences nat.*, 2e série, t. VI, p. 97).

1840. Grube, *Actinien.*

1842. De Quatrefages, *Mémoire sur les Edwardsies* (*Ann. des sc. nat.*, 2e série, t. XVIII, p. 69).

1842. Forbes, *Annals and Magazine of Natural History*, 1re série, t. VIII, p. 244, pl. 8, fig. 1-5.

1843. Owen, *Lectures of the comparative Anatomy and Physiology of Invertebrate Animals.*

1844. Contarini, *Trattato delle Attinie.*

1847. Frey und Leuckart, *Beiträge zur Kenntniss virbelloser Thiere.*

1847. Johnston, *History of the British Zoophytes.*

1850. Hollard, Note dans les *Comptes rendus de l'Institut*, t. XXX.

1851. Hollard, *Monographie du genre* Actinia (*Ann. des sc. nat.*, t. XXV).

1852. Schmarda, *Zur Naturgeschichte der Adria* (*Denkschr. der Wiener Acad. math.-nat. Cl.*, Bd. IV).

1854. J. Haime, *Mémoire sur le Cérianthe* (*Ann. des sc. nat.*, 4e série, t. I, p. 341).

1857. Milne Edwards et J. Haime, *Histoire naturelle des Coralliaires.*

1860. Gosse, *the British sea Anemones and Corals.*

1860. Claus, *Ueber Physophora hydrostatica.*

1860. Claus, *Neue Beobachtungen über Struct. und Entw. der Siphonophoren* (*Zeitschr. für wiss. Zool.*, Bd. XII).

1864. H. de Lacaze-Duthiers, *Hist. nat. du Corail.*

1865. Kölliker, *Icones histologicæ.*

1866. Möbius, *Bau, Mechanismus und Entw. d. Nesselkapseln.*

1868. Verrill, *Notes on Radiata* (*Review of the Corals and Polyps of the West coast of America*).

1871. Schneider et Rotteken, *Untersuchungen über der Bau der Actinien und Corallen.*

1872-73. H. de Lacaze-Duthiers, *Développement des Coralliaires* (*Arch. de zool. exp.*, vol. I et II.)

1874. Martin Duncan, *On the nervous System of Actinia* (*Ann. and Mag. of Nat. History*, vol. XIII, no 75, fourth Series).

1876. Korotneff, *Histologie de l'Hydre et de la Lucernaire. Organes des sens des Actinies* (*Arch. de zool. exp.*, t. V, nos 3 et 2).

1876. Fischer, *Actinies des côtes océaniques de France* (*Comptes rendus de l'Institut*, no 21).

1877. Taschenberg, *Anatomie, Histologie und Systematik der Cylicozoa.*

1877. Heider, *Sagartia troglodytes, eine Beitrag zur Anatomie der Actinien.*

1877. Claus, *Studien über Polypen und Quallen der Adria.*

1877. Klusinger, *Die Korallthiere des Rothen Meeres.*

1877. Schulze, *Spongicola fistularis* (*Arch. für mikrosk. Anat.*, t. XIII, Bd. IV).

1878. Claus, *Untersuchungen über* Charybdea marsupialis (*Arbeiten aus dem zoologischen Institut der Universität zu Wien*).

1878. Claus, *Ueber* Halistemma tergestinum, nov. sp., *nebst Bemerkungen über den feineren Bau der Physophoriden* (*Arbeiten aus dem zoologischen Institut der Universität zu Wien*).

1878. Oscar und Richard Hertwig, *Das Nervensystem und die Sinnesorgane der Medusen.*

1879. Ciamician, *Ueber den feineren Bau und die Entwicklung von* Tubularia Mesembrianthemum (*Zeitschr. für wiss. Zool.*, t. XXXII, B. 2).

1879. Et. Jourdan, *Sur les Zoanthaires malacodermés des côtes de Marseille* (extrait dans *Comptes rendus de l'Académie des sciences*, Paris, t. LXXXIX, n° 8, p. 452, 25 août 1879).

1879. Heider, *Cerianthus membranaceus, ein Beitrag zur Anatomie der Actinien.*

1879. R. et O. Hertwig, *Die Actinien anatomisch und histologisch mit besonderer Beruchsichtung des Nervenmuskelsystems Untersuch.* (*Jenaische Zeitschrift für Naturwissenschaft.*, dreizehnter Band, neue Folge, sechster Brand, drittes und viertes Band.)

1880. C. Merejkowsky, *Sur la structure de quelques Coralliaires* (*Comptes rendus de l'Académie des sciences*, 3 mai).

EXPLICATION DES PLANCHES.

(Nous nous sommes servi dans nos recherches d'un microscope de Verick. Tous les dessins histologiques ont été faits à la chambre claire.)

PLANCHE 1.

Fig. 1. *Paractis striata*, Risso (sp.), grand. nat. Individu à l'état de contraction.

Fig. 2. *Phellia elongata*, Delle Chiaje (sp.), grand. nat.

Fig. 2 *a*. Disque buccal et tentacules, grand. nat.

Fig. 2 *b*. Tentacule grossi trois fois.

Fig. 3. *Sagartia Penoti*, nov. sp., grand. nat.

Fig. 3 *a*. Disque buccal et tentacules d'une variété des fonds coralligènes, grand. nat.

Fig. 3 *b*. Tentacule de la même variété.

Fig. 3 *c*. Tentacule d'une variété de la côte.

Fig. 4. Tentacule du *Sagartia Bellis*, portant un B semblable à ceux des tentacules du *Sagartia troglodytes*.

PLANCHE 2.

Fig. 5. *Ilyanthus Mazeli*, nov. sp.

Fig. 5 *a*. Coupe verticale de la région basilaire, grossie deux fois.

Fig. 6. *Palythoa arenacea*, Delle Chiaje (sp.) : disque buccal et tentacules grossis deux fois.

Fig. 6 *a*. Forme de la côte, grand. nat.

Fig. 6 *b*. Forme des graviers vaseux, grand. nat.

Fig. 7. *Cladocora cæspitosa*, Ehr., grand. nat.

Fig. 7 *a*. Individu étalé et grossi deux fois.

Fig. 8. *Balanophyllia regia*, Gosse., grand. nat.
Fig. 8*a*. Polypier, grossi sept fois.
Fig. 8*b*. Tentacule, grossi deux fois.

PLANCHE 3.

Anemonia sulcata.

Fig. 9. Tentacules anormalement bifurqués, grand. nat.

Fig. 10. Coupe transversale d'un tentacule : *ec*, ectoderme; *g*, cellules glandulaires; *n*, nématocystes ; *c*, éléments à endocils ; *M*, mésoderme; *ml*, fibres musculaires longitudinales; *mc*, fibres musculaires circulaires ; *f*, tissu conjonctif formant le mésoderme; *lm*, lames fibreuses d'origine mésodermique. (310 diam.)

Fig. 11. Coupe longitudinale d'un tentacule : *ec*, ectoderme ; *g*, cellules glandulaires ; *n*, nématocystes ; *c*, éléments à cnidocils ; *M*, mésoderme ; *ml*, fibres musculaires longitudinales ; *f*, tissu conjonctif mésodermique ; *mc*, muscles circulaires; *en*, endoderme ; *p*, corpuscules de pigment ; *v*, zone de cellules vibratiles. (310 diam.)

Fig. 12. *a*, cellules à nématocystes en voie de formation (600 diam.).

Fig. 13. *g*, cellule glandulaire de l'ectoderme ; *r*, son renflement basilaire ; *b*, nématocyste déroulé. (600 diam.)

Fig. 14. Élément à cnidocil incomplet (600 diam.).

Fig. 15. Lèvre (coupe radiale) : *ec*, ectoderme ; *en*, endoderme; *m*, fibres musculaires. (310 diam.)

Fig. 16. Ectoderme des parois du corps (coupe longitudinale) : *n*, nématocystes ; *g*, glandes ; *c*, éléments épithéliaux. (310 diam.)

PLANCHE 4.

Anemonia sulcata.

Fig. 17. Mésoderme du disque buccal (coupe radiale) : *f*, zone fibreuse; *me*, fibres musculaires circulaires. (170 diam.)

Fig. 18. Œsophage (coupe transversale) : *ec*, ectoderme ; *g*, éléments glandulaires ; *M*, mésoderme ; *m*, fibres musculaires ; *en*, endoderme ; *s*, cloisons. (100 diam.)

Actinia equina.

Fig. 19. Parois du corps (coupe longitudinale), individu jeune : *ec*, ectoderme ; *g*, éléments glandulaires en massue; *M*, mésoderme ; *f*, zone fibreuse; *mc*, fibres musculaires circulaires. (300 diam.)

Fig. 20. Coupe longitudinale des parois du corps, individu de très grande taille : *ec*, ectoderme ; *g*, cellules glandulaires ; *M*, mésoderme ; *mc*, fibres musculaires circulaires ayant acquis un grand développement. (60 diam.)

Fig. 21. Ectoderme en coupe longitudinale : *g*, cellules glandulaires ; *v*, cellules vibratiles ; *q*, zone granuleuse. (500 diam.)

Fig. 22. Cellules glandulaires de l'ectoderme (500 diam.).

Fig. 23. Cellule vibratile de l'ectoderme (500 diam.).

Fig. 24, 25, 26. Cellules épithélio-musculaires : *ne*, amas de protoplasma avec noyau; *m*, fibrille contractile. (500 diam.)

Fig. 27. Coupe transversale du tube œsophagien : *ec*, ectoderme ; *g*, cellules glandulaires. (310 diam.)

PLANCHE 5.

Actinia equina.

Fig. 28. Nématocyste des tentacules (160 diam.).

Fig. 29. Cellules de l'ectoderme (500 diam.).

Fig. 30. Cellules épithélio-musculaires de l'ectoderme des tentacules : *c*, cellule portant un renflement protoplasmatique intermédiaire à la cellule et à la fibrille; *b*, cellule ayant deux renflements semblables.

Fig. 31. Groupe de cellules épithélio-musculaires (500 diam.).

Fig. 32. Bourse chromatophore (coupe transversale) : *ec*, ectoderme ; *c*, cnidocils ; *n*, nématocystes ; *g*, cellules glandulaires ; *M*, mésoderme ; *en*, endoderme. (500 diam.)

Fig. 33. Élément à cnidocil isolé : *c*, cnidocil. (500 diam.)

Fig. 34. Nématocystes des bourses chromatophores : *c*, cnidocil ; *n*, nématocystes ; *u*, noyau du nématocyste. (500 diam.)

Fig. 35. Rapport des nématocystes et des éléments à cnidocils : *n*, nématocystes ; *c*, élément à cnidocil. (500 diam.)

Fig. 36. Cnidocil et nématocyste jeune prenant naissance dans le même élément (500 diam.).

Fig. 37. Cellule fibrillaire des bourses chromatophores se terminant en forme de calice (500 diam.).

Fig. 38 et 39. Cellules glandulaires des bourses chromatophores.

Fig. 40. Vésicule mâle (coupe transversale) : *en*, endoderme ; *M*, mésoderme ; *x*, cellules spermatogènes ; *z*, spermatozoïdes ; *d*, canal déférent. (500 diam.)

Fig. 41. Infusoire parasite de la cavité mésentérique de l'*A. equina* (170 diam.).

PLANCHE 6.

Bunodes verrucosus.

Fig. 42. Coupe transversale au niveau du tube œsophagien : *C*, parois du corps; *O*, œsophage ; *S*, cloisons ; *ms*, muscle de la cloison. (18 diam.)

Fig. 43. *M*, mésoderme ; *f*, zone fibreuse ; *mc*, fibres musculaires circulaires ; *en*, endoderme ; *S*, lame mésentéroïde ; *ms*, fibres musculaires longitudinales. (160 diam.)

Fig. 44. Coupe transversale d'une lame mésentéroïde au niveau des replis secondaires et de leurs fibres musculaires : *S*, lame mésentéroïde ; *ms*, fibres musculaires ; *en*, endoderme. (160 diam.)

Fig. 45. Système musculaire du disque pédieux (coupe radiale) : *M*, mésoderme ; *mr*, fibres musculaires rayonnantes ; *mc*, fibres musculaires circulaires. (310 diam.)

Fig. 46. Coupe transversale des parois du corps : *ec*, ectoderme; *g*, cellules glandulaires ; *M*, mésoderme ; *Vg*, verrue glandulaire ; *f*, tissu fibreux du mésoderme ; *mc*, fibres musculaires circulaires ; *en*, endoderme ; *S*, lames mésentéroïdes. (60 diam.)

PLANCHE 7.

Bunodes verrucosus.

Fig. 47. Coupe transversale des fibres musculaires des lames mésentéroïdes. *ms*, fibres musculaires; *fs*, tissu conjonctif. (880 diam.)

Fig. 48. Coupe longitudinale des parois du corps : *cc*, ectoderme; *g*, cellules glandulaires; *Vg*, verrue glandulaire en voie de formation; *M*, mésoderme, *mc*, fibres musculaires circulaires; *en*, endoderme. (60 diam.)

Fig. 49. Tentacule (coupe transversale) : *M*, mésoderme; *en*, endoderme. (310 diam.)

Fig. 50. Mésoderme des tentacules (310 diam.).

Fig. 51. Ectoderme de la colonne (coupe transversale au niveau d'une verrue glandulaire) : *ec*, ectoderme; *Vg*, verrue glandulaire ; *cc*, cellules vibratiles; *gm*, cellules glandulaires en massue ; *gc*, cellules glandulaires en forme de bourse. (310 diam.)

Fig. 52. Cellule en massue isolée.

Fig. 53. Cellules vibratiles (500 diam.).

PLANCHE 8.

Corynactis viridis.

Fig. 54. Coupe transversale des parois du corps : *ec*, ectoderme ; *M*, mésoderme; *en*, endoderme; *g*, cellules glandulaires ; *n*, nématocystes; *S*, lames mésentéroïdes ; *ms*, fibres musculaires coupées en travers. (310 diam.)

Fig. 55. Nématocyste des parois du corps (500 diam.).

Fig. 56. Nématocyste des tentacules (500 diam.).

Fig. 57. Nématocystes en voie de formation (500 diam.).

Calliactis effœta.

Fig. 58. Eléments de l'ectoderme des tentacules : *a* et *d*, cellules épithéliales; *g*, cellules glandulaires; *b*, cellules épithélio-musculaires; *N*, éléments de communication nerveuse; *nc*, cellules nerveuses; *fm*, fibre musculaire pluricellulaire. (500 diam.)

Fig. 59. Coupe transversale de l'ectoderme du tube œsophagien (310 diam.).

Fig. 60. Coupe radiale des parois du corps au niveau d'un pore laissant passer un filament mésentérique : *ec*, ectoderme; *M*, mésoderme; *en*, endoderme; *p*, corpuscules de pigment; *l*, pore en coupe longitudinale; *mf*, filament mésentérique. (25 diam.)

Fig. 61. Section longitudinale tangentielle passant par le mésoderme et coupant un pore : *M*, mésoderme; *p*, corpuscules de pigment; *l*, pore et son revêtement cellulaire. (60 diam.)

PLANCHE 9.

Calliactis effœta.

Fig. 62. Filament mésentérique en coupe longitudinale : *n*, couche de nématocystes; *h*, couche granuleuse; *af*, axe fibreux. (310 diam.)

Fig. 63. Coupe longitudinale radiale passant par le plan fibreux d'une lame mésentéroïde; *M*, tissu fibreux du mésoderme; *S*, tissu fibreux de la lame mésentéroïde; *mc*, section des faisceaux de fibres musculaires circulaires. (160 diam.)

Fig. 64. Coupe longitudinale du sommet de la colonne : *ec*, ectoderme; *M*, mésoderme fibreux; *S*, lames mésentéroïdes coupées obliquement; *mc*, faisceau de fibres musculaires circulaires dans l'épaisseur du mésoderme fibreux. (18 diam.)

Fig. 65. Une partie de la coupe précédente plus fortement grossie : *mc*, fibres musculaires. (160 diam.)

Fig. 66. Mésoderme du sommet de la colonne en coupe transversale : *Mf*, tissu conjonctif; *mc*, faisceau de fibres musculaires circulaires. (310 diam.)

PLANCHE 10.

Calliactis effœta.

Fig. 67. Ectoderme des parois du corps en coupe transversale : *ec*, ectoderme; *M*, mésoderme; *p*, corpuscules de pigment. (310 diam.)

Fig. 68. Éléments de l'ectoderme : *a*, cellules fibrillaires à un seul renflement; *b*, éléments fusiformes; *c*, cellules fibrillaires à deux renflements à contenu granuleux et terminées en cnidocil; *d*, cellules terminées en massue; *e*, éléments à deux cnidocils. (500 diam.)

Fig. 69. Mésoderme et lames mésentéroïdes en coupe transversale : *M*, partie profonde du mésoderme; *e*, zone externe; *i*, zone interne; *mc*, fibres musculaires circulaires; *en*, endoderme; *S*, lames mésentéroïdes; *ms*, fibres musculaires. (100 diam.)

Phellia elongata.

Fig. 70. Éléments des tentacules dissociés : *ad*, cellules épithélio-musculaires; *b, c, e*, cellules sensitives en rapport à leur base avec une fibrille probablement nerveuse; *g*, cellule glandulaire; *h*, cellule glandulaire en voie de formation; *n*, nématocyste. (310 diam.)

Fig. 71. Cellule épithélio-musculaire de l'ectoderme (310 diam.).

Fig. 72. *g*, cellule glandulaire; *n*, nématocyste. (310 diam.)

PLANCHE 11.

Phellia elongata.

Fig. 73. Coupe longitudinale des parois du corps : *k*, couche de mucus simulant un épiderme; *ec*, ectoderme; *M*, mésoderme. (60 diam.)

Fig. 74. Parois du corps : *k*, couche de mucus; *ec*, ectoderme; *g*, cellules glandulaires; *n*, nématocyste; *M*, mésoderme. (310 diam.)

Fig. 75. Lame mésentéroïde observée par transparence : *en*, cellules de l'endoderme; *ms*, fibres musculaires. (170 diam.)

Fig. 76 à fig. 80. Fibres musculaires des lames mésentéroïdes : *a*, à l'état d'extension; *b*, à l'état de contraction; *ce*, cellules de l'endoderme; *m*, fibre; *on*, onde de contraction.

Fig. 81. Ovaire (coupe transversale) : *en*, endoderme ; *M*, mésoderme ; *O*, ovules. (60 diam.)

Fig. 82. Coupe précédente plus fortement grossie : *en*, endoderme ; *M*, mésoderme ; *O*, ovules. (170 diam.)

PLANCHE 12.

Cerianthus membranaceus.

Fig. 83. Tentacule du cycle externe (coupe transversale) : *ec*, ectoderme ; *M*, mésoderme ; *en*, endoderme ; *n*, nématocyste ; *t*, couche granuleuse ; *ml*, fibres musculaires longitudinales ; *mc*, fibres musculaires circulaires. (170 diam.)

Fig. 84. Tentacule du cycle externe (coupe longitudinale) : *ec*, ectoderme ; *M*, mésoderme ; *en*, endoderme ; *n*, nématocystes ; *t*, couche granuleuse ; *ml*, fibres musculaires longitudinales ; *mc*, fibres musculaires circulaires. (170 diam.)

Fig. 85. Tentacule du cycle interne (coupe transversale) : *ec*, ectoderme ; *M*, mésoderme ; *en*, endoderme ; *n*, nématocyste ; *t*, couche granuleuse ; *g* et *g'*, cellules glandulaires. (170 diam.)

Fig. 86. Cellule glandulaire d'un tentacule du cycle interne. (500 diam.)

Fig. 87. Mésoderme d'un tentacule du cycle externe (coupe transversale) : *ml*, fibres musculaires longitudinales ; *mc*, fibres musculaires circulaires ; *fn*, fibrilles de nature probablement nerveuse. (500 diam.)

Fig. 88. Mésoderme d'un tentacule du cycle externe (coupe longitudinale) : *ml*, fibres musculaires longitudinales ; *mc*, fibres musculaires circulaires ; *fn*, fibrilles de nature probablement nerveuse. (500 diam.)

Fig. 89. Portion de la lame mésodermique d'un tentacule du cycle interne isolé par la dissociation : *M*, mésoderme fibreux ; *ml*, fibres musculaires circulaires ; *cm*, cellules épithélio-musculaires. (200 diam.)

Fig. 90. Fibres musculaires pluricellulaires des tentacules : *ce*, cellules ; *m*, fibre musculaire. (500 diam.)

Fig. 91. Cellule musculaire (500 diam.).

PLANCHE 13.

Cerianthus membranaceus.

Fig. 92. Parois du corps (coupe transversale) : *ec*, ectoderme ; *M*, mésoderme ; *ml*, couche des muscles longitudinaux ; *f*, zone fibreuse ; *mc*, couche des fibres musculaires circulaires ; *en*, endoderme. (18 diam.)

Fig. 93. Parois du corps (coupe longitudinale) : *ec*, ectoderme ; *M*, mésoderme ; *ml*, couche des muscles longitudinaux ; *f*, zone fibreuse ; *mc*, couche des fibres musculaires circulaires internes ; *en*, endoderme. (25 diam.)

Fig. 94. Ectoderme des parois du corps (coupe longitudinale) : *n*, nématocystes ; *nj*, nématocystes en voie de formation ; *g*, cellules glandulaires ; *p*, corpuscules de pigment ; *t*, couche granuleuse ; *ml*, fibres musculaires longitudinales. (170 diam.)

Fig. 95. Endoderme et mésoderme fibreux des parois du corps (coupe longitudinale) : *en*, endoderme ; *g*, cellules glandulaires ; *cv*, cellules vibratiles ; *mc*, fibres musculaires circulaires ; *f*, zone fibreuse ; *ml*, fibres musculaires longitudinales. (170 diam.)

PLANCHE 14.

Cerianthus membranaceus.

Fig. 96. *a*, *b*, *c*, *d*, *e*, *f*, cellules à nématocystes en voie de formation ; *h*, cellule musculaire. (310 diam.)

Fig. 97. Éléments sensitifs de l'ectoderme des parois du corps (310 diam.).

Fig. 98. Éléments sensitifs réunis en faisceau (310 diam.).

Fig. 99. Cellules glandulaires de l'ectoderme des parois du corps (310 diam.).

Fig. 100. Coupe transversale de la couche des fibres musculaires longitudinales (170 diam.).

Fig. 101. Lame musculaire des parois du corps isolée par la dissociation : *on*, ondes de contraction. (310 diam.)

Fig. 102. Cellule glandulaire de l'endoderme (720 diam.).

Fig. 103. Cellules glandulaires encore jeunes, isolées par la dissociation (720 diam.).

Fig. 104. Cellule glandulaire de l'endoderme isolée par la dissociation (510 diam.).

Fig. 105. Lame génitale (coupe transversale) : *mf*, filament mésentérique ; *en*, endoderme ; *M*, mésoderme ; *ov*, ovules ; *vs*, vésicules mâles. (60 diam.)

Fig. 106. Vésicule mâle rompue et laissant échapper les spermatozoïdes : *en*, endoderme ; *M*, mésoderme ; *x*, cellules spermatogènes tapissant l'intérieur de la vésicule ; *z*, spermatozoïdes ; *d*, ouverture de sortie des éléments mâles. (170 diam.)

PLANCHE 15.

Balanophyllia regia.

Fig. 107. Coupe longitudinale d'un tentacule : *ec*, ectoderme ; *en*, endoderme ; *S*, lames mésentéroïdes. (60 diam.)

Fig. 108. Tentacule (coupe transversale) : *ec*, ectoderme ; *n*, nématocyste ; *c*, cnidocil ; *M*, mésoderme ; *en*, endoderme. (310 diam.)

Fig. 109. Tube œsophagien (coupe transversale) : *ec*, ectoderme ; *v*, cils vibratiles ; *M*, mésoderme. (310 diam.)

Fig. 110. Parois du corps (coupe transversale) : *ec*, ectoderme ; *cp*, cellules pigmentaires ; *g*, cellules glandulaires ; *cv*, cellules vibratiles ; *M*, mésoderme ; *mc*, fibres musculaires circulaires ; *en*, endoderme. (310 diam.)

Fig. 111. Parois du corps, région inférieure de la colonne (coupe transversale) : *cv*, cellules vibratiles ; *cp*, cellules pigmentaires ; *M*, mésoderme ; *en*, endoderme. (310 diam.)

Fig. 112. *a*, cellule pigmentaire ; *b*, cellule vibratile de l'endoderme ; *ed*, cellules épithéliales, probablement sensitives, de l'ectoderme. (500 diam.)

Fig. 113. Nématocyste (500 diam.).

Fig. 114. Cellules à nématocystes en voie de formation (500 diam.).
Fig. 115. Lames mésentéroïdes (coupe transversale) : *en*, endoderme; *cv*, cellules vibratiles; *cp*, cellules pigmentaires; *S*, cloisons. (500 diam.).

PLANCHE 16.

Actinia equina (embryogénie).

Fig. 116. Larve ayant déjà les deux feuillets blastodermiques (coupe longitudinale) : *ec*, ectoderme; *en*, endoderme. (310 diam.)
Fig. 117. Refoulement secondaire formant le tube œsophagien (coupe longitudinale) : *ec*, ectoderme; *en*, endoderme; *O*, tube œsophagien. (310 diam.)
Fig. 118. Stade à huit cloisons (coupe transversale) : *ec*, ectoderme; *en*, endoderme; *S*, *membrana propria* formant l'axe des jeunes cloisons. (170 diam.)
Fig. 119. Portion d'une larve plus âgée (coupe transversale) : *ec*, ectoderme; *n*, nématocystes; *M*, zone plus claire située à la base de l'ectoderme, qui sera bientôt le mésoderme fibreux de l'adulte; *S*, lames mésentéroïdes; *en*, endoderme. (310 diam.)
Fig. 120. Larve avec de petits tentacules : *ec*, ectoderme; *en*, endoderme; *eo*, ectoderme du tube œsophagien; *t*, tentacules. (60 diam.)

Cerianthus membranaceus (embryogénie.)

Fig. 121. Larve (coupe longitudinale) : *ec*, ectoderme; *en*, endoderme; *P*, *membrana propria*; *O*, tube œsophagien. (60 diam.)
Fig. 122. Portion de la coupe précédente plus fortement grossie : *ec*, ectoderme; *P*, *membrana propria*; *en*, endoderme. (310 diam.)

PLANCHE 17.

Balanophyllia regia (embryogénie).

Fig. 123. Larve vermiforme (18 diam.).
Fig. 124. Larve plus âgée (18 diam.).
Fig. 125. Larve aplatie en disque, prête à se fixer et munie de douze lames mésentéroïdes (18 diam.).
Fig. 126. Coupe longitudinale d'une larve au stade représenté figure 124 : *ec*, ectoderme; *en*, endoderme; *O*, tube œsophagien.
Fig. 127. Coupe transversale d'une larve ayant six lames mésentéroïdes : *ec*, ectoderme; *M*, mésoderme en voie de formation; *en*, endoderme; *S*, cloisons. (60 diam.)
Fig. 128. Larve vermiforme (portion d'une coupe longitudinale) : *ec*, ectoderme; *en*, endoderme. (310 diam.)
Fig. 129. Larve munie de six lames mésentéroïdes (coupe transversale : *ec*, ectoderme; *M*, mésoderme en voie de formation; *P*, *membrana propria*; *en*, endoderme. (310 diam.)

DEUXIÈME THÈSE

PROPOSITIONS DONNÉES PAR LA FACULTÉ.

ANATOMIE ET ZOOLOGIE. — Affinités zoologiques des Tuniciers.

BOTANIQUE. — 1° Reproduction chez les Dicotylédones gymnospermes.

2° Caractères des familles comprises par Brongniart dans sa classe des Verbéninées.

GÉOLOGIE. — Caractères, succession et classification des assises crétacées de la Provence méridionale.

Vu et approuvé, le 1er mars 1880 :

Le Doyen de la Faculté des sciences,

MILNE EDWARDS.

Vu et permis d'imprimer, le 1er mars 1880 :

Le Vice-Recteur de l'Académie de Paris,

GRÉARD.

PARIS — IMPRIMERIE DE E. MARTINET, RUE MIGNON, 2.

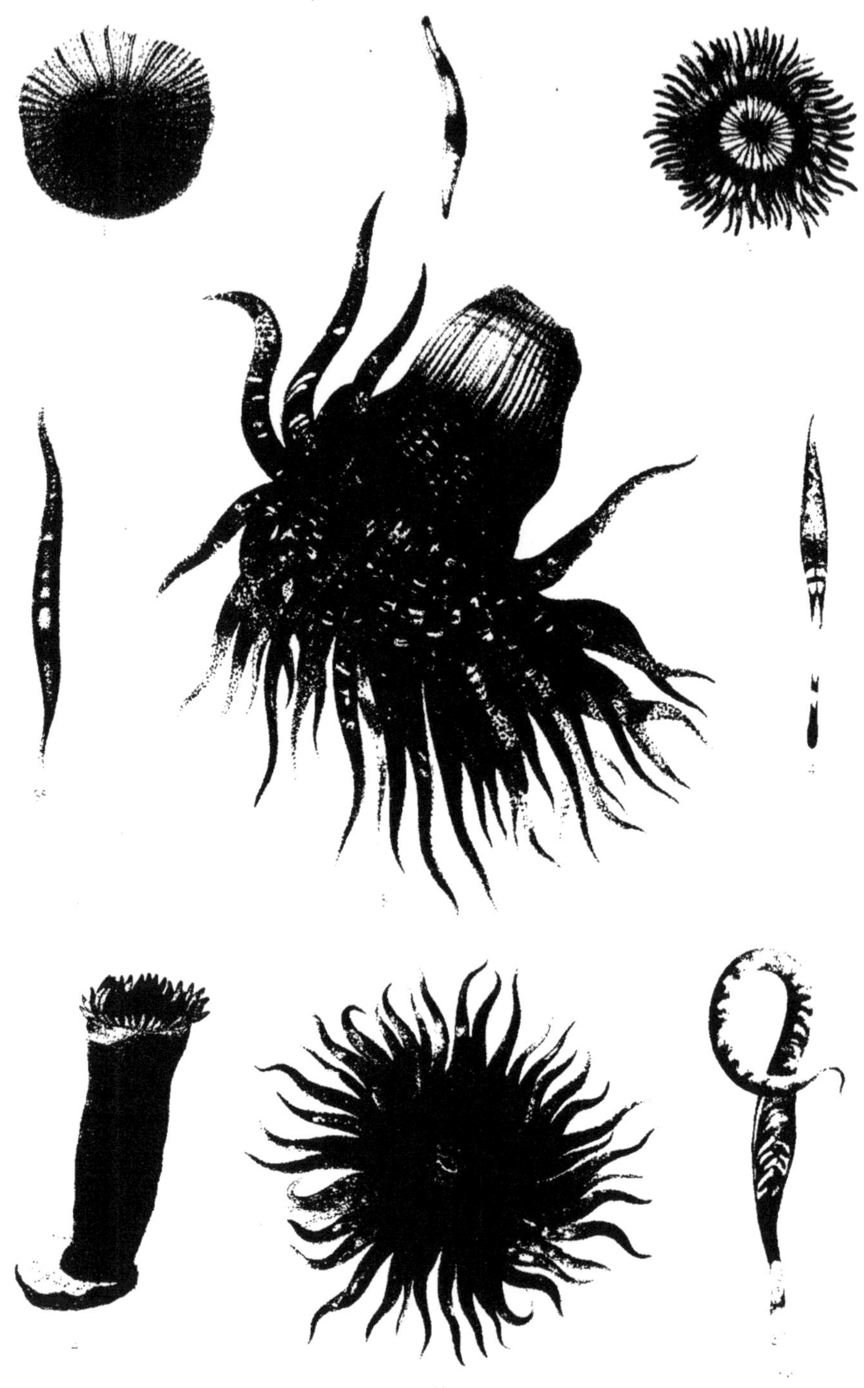

1. Paractis Striata. 2. Phellia elongata. 3. Sagartia Penoti. 4. Sagartia bellis.

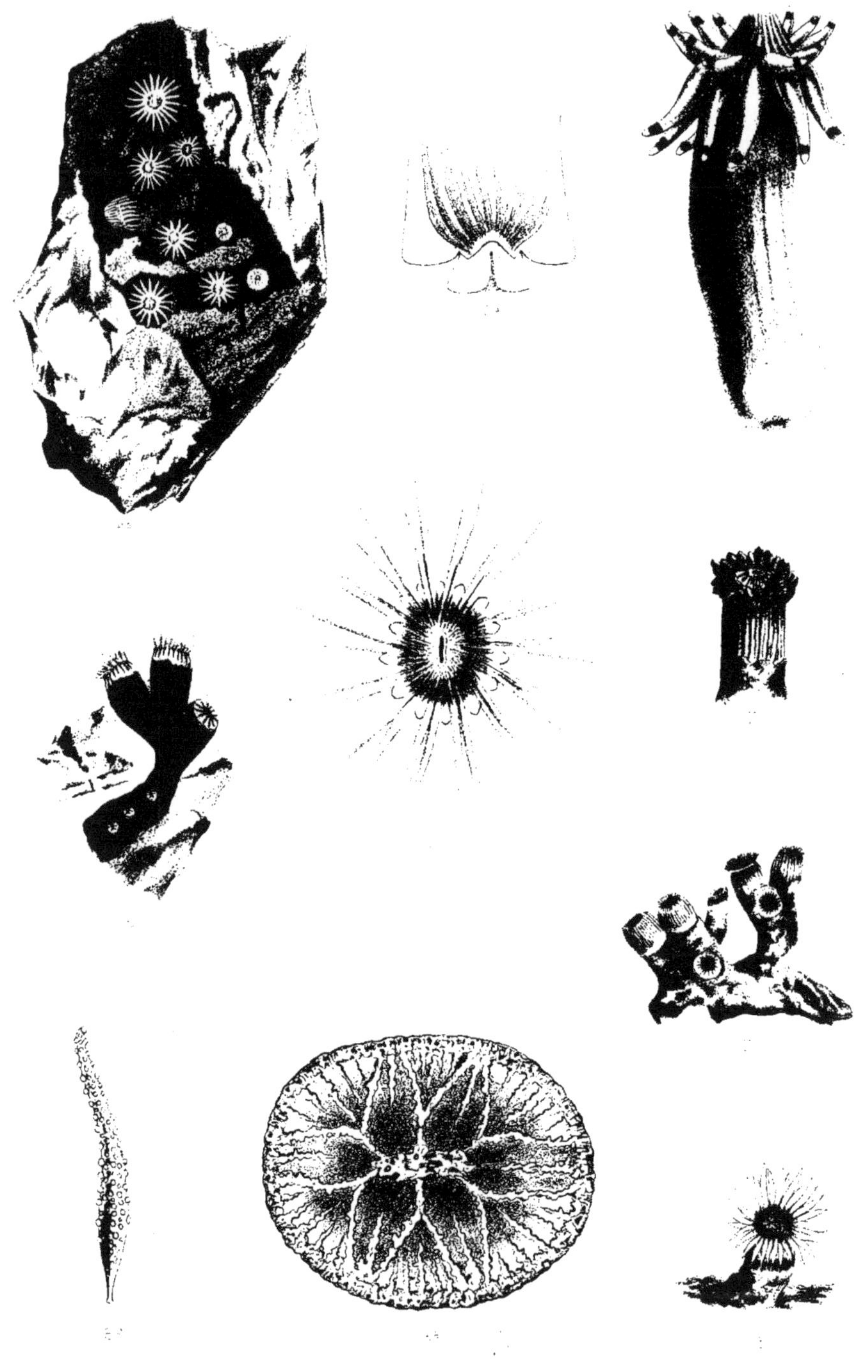

5. Ilyanthus Mazeli. 6. Palythoa arenacea. 7. Cladocora cespitosa. 8. Balanophyllia regia.

Ph. Jourdan del. Imp. Becquet, Paris

Anem[illegible]

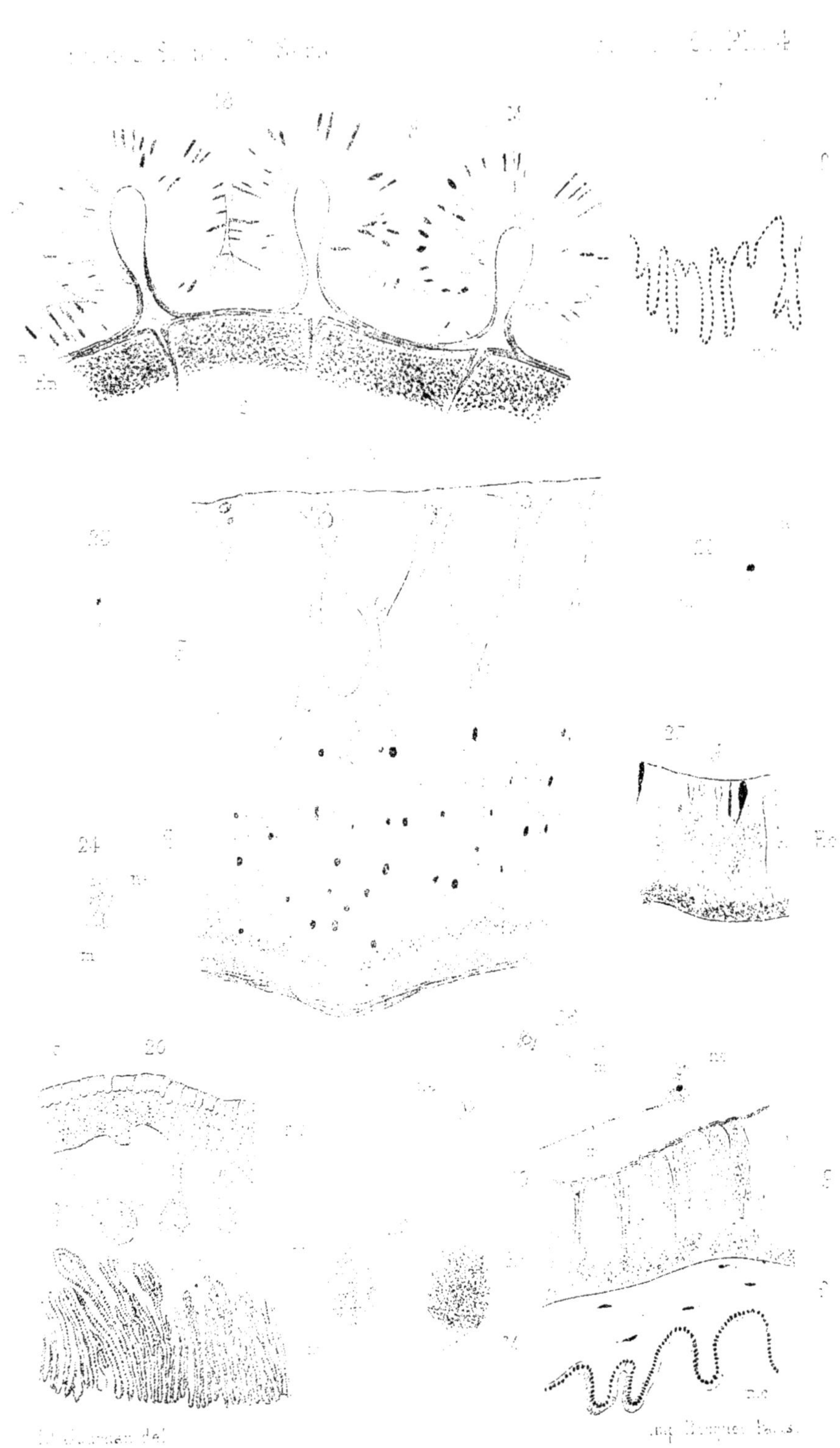

18 Anemonia sulcata. 19-27 Actinia equina

Imp. Becquet Paris

Actinia equina.

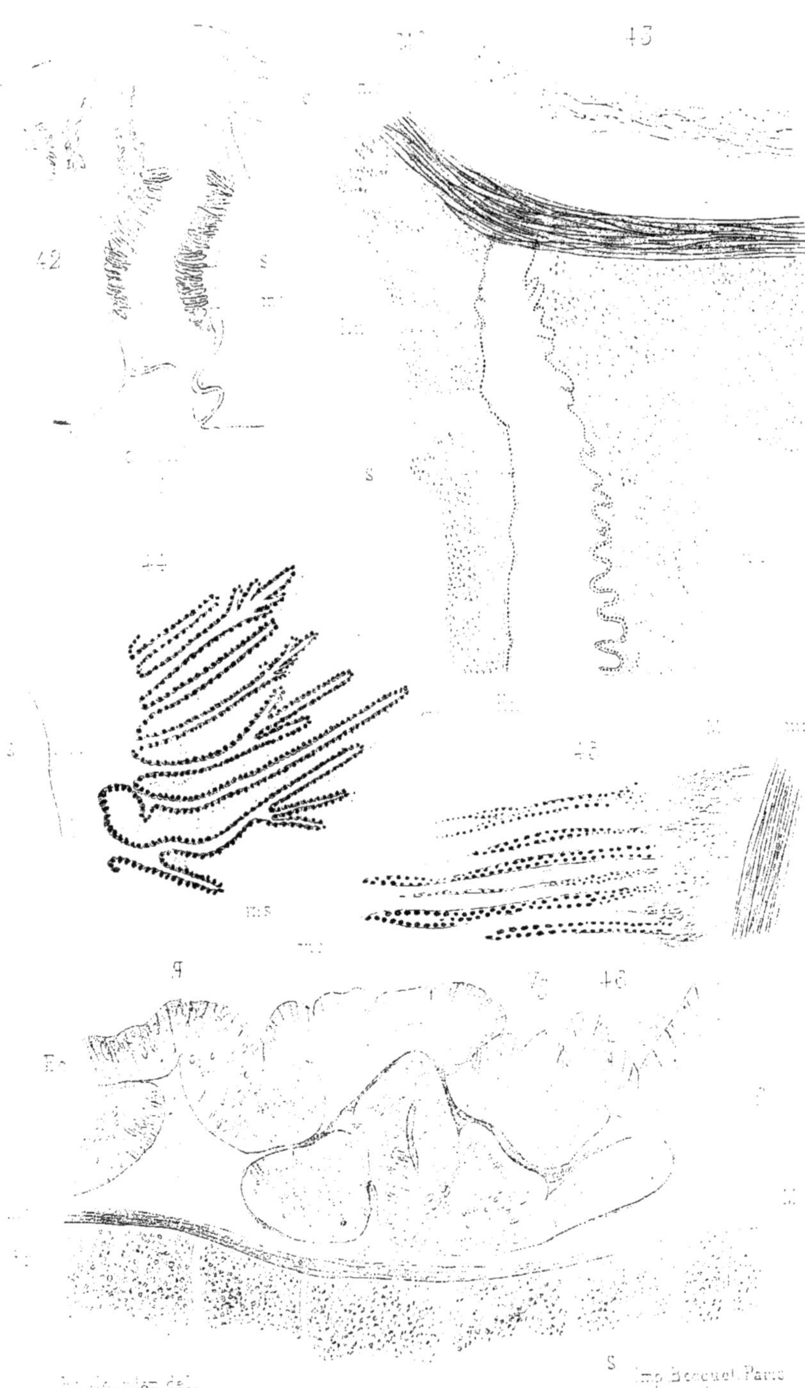

Imp. Becquet, Paris

Bunodes verrucosus.

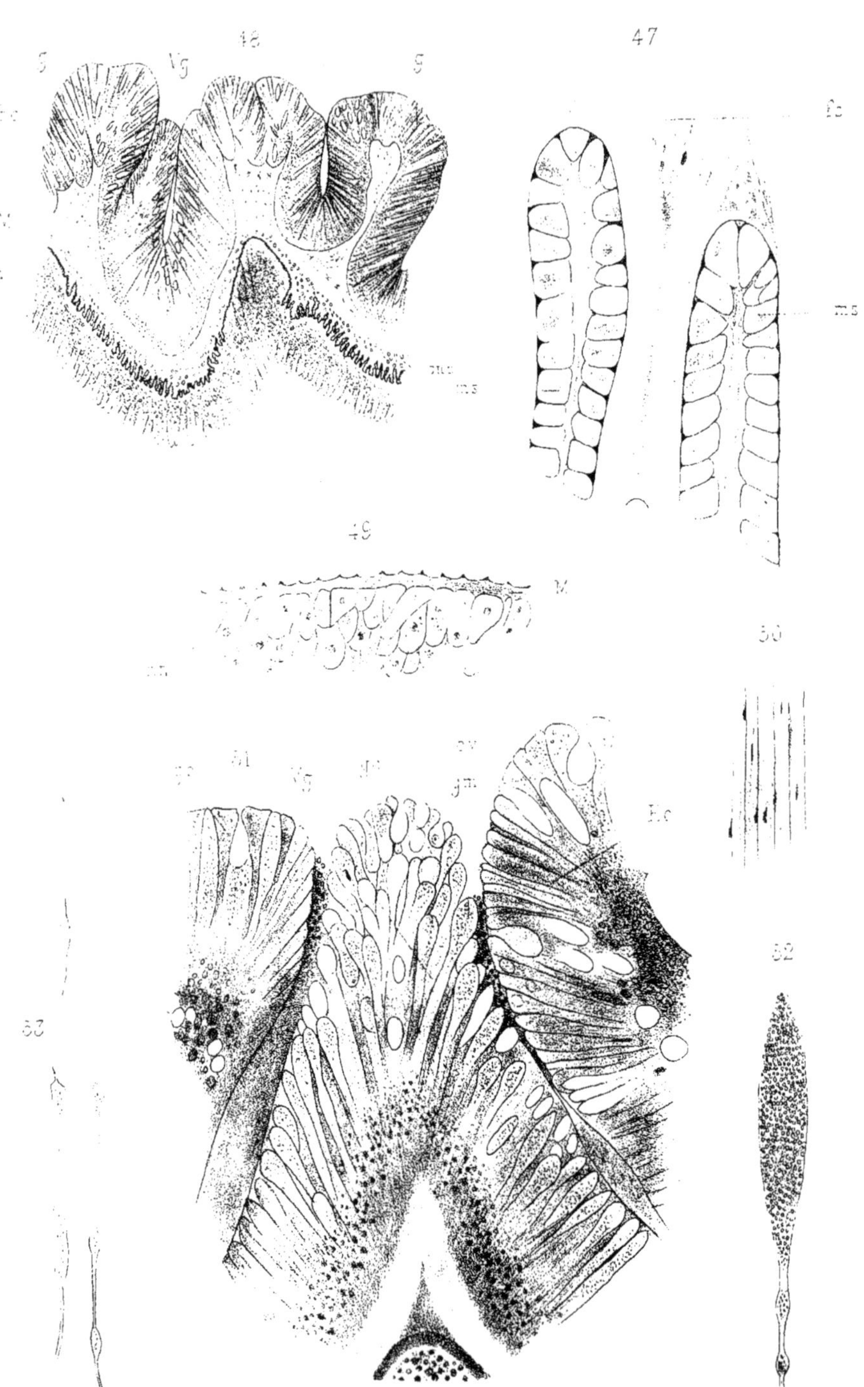

Et. Jourdan del. Imp. Becquet Paris

Bunodes verrucosus.

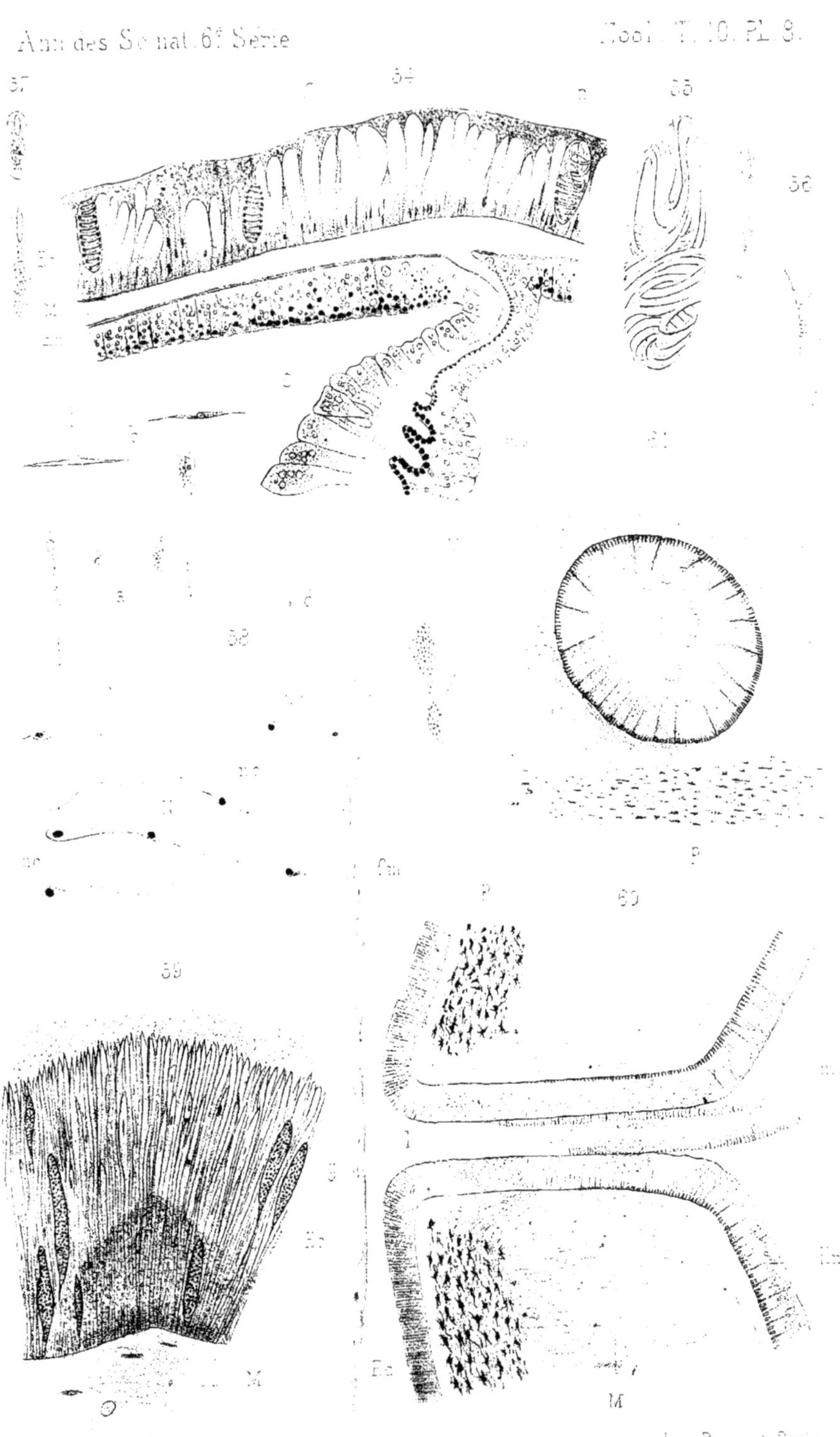

M. Jourdan del. Imp. Becquet Paris

54-57. Corynactis viridis. _ 58_61. Calliactis effoeta.

62

63

64

65

H. Jourdan del.   Imp. Becquet Paris.

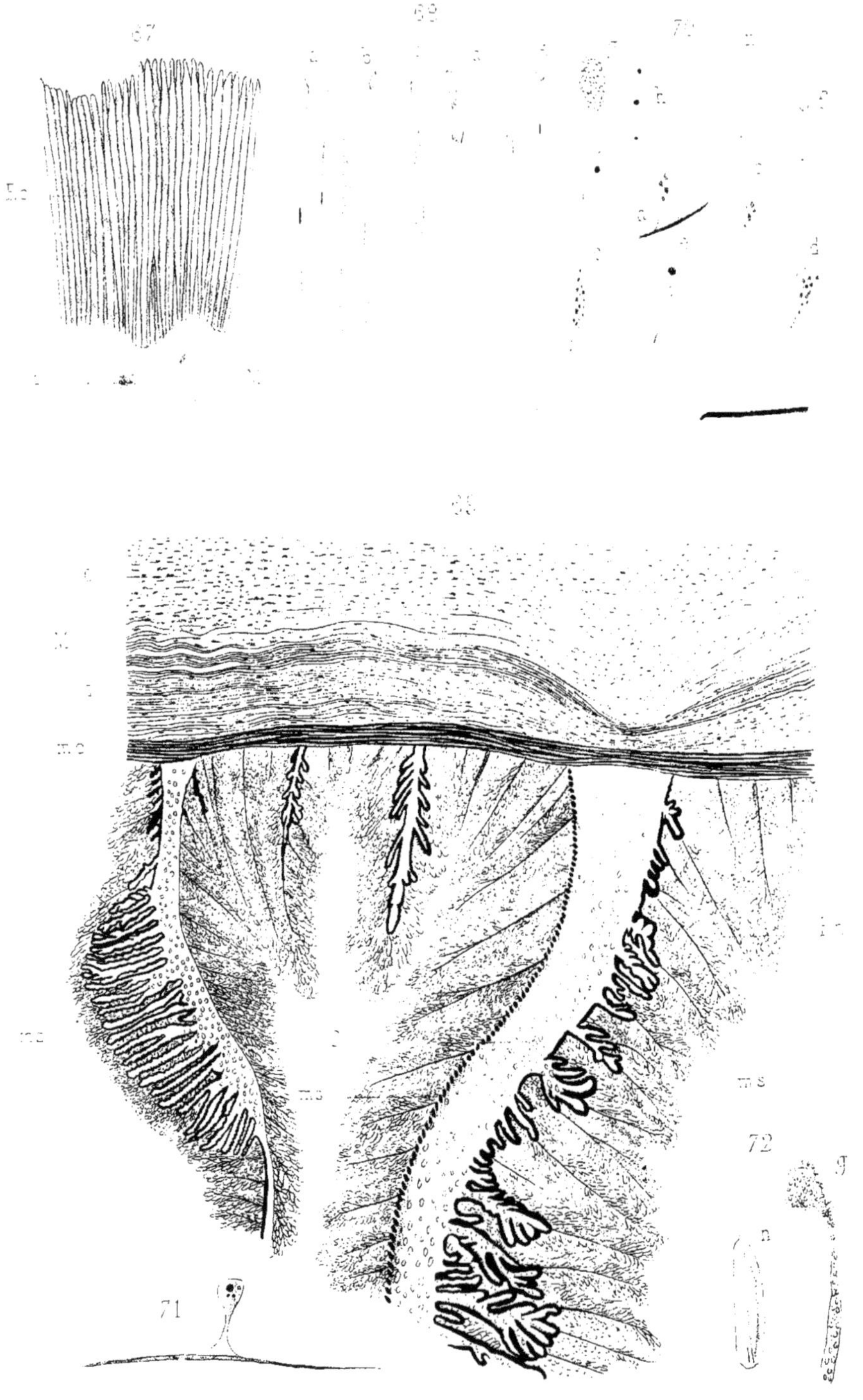

67_69. Calliactis effœta _ 70_72. Phellia elongata.

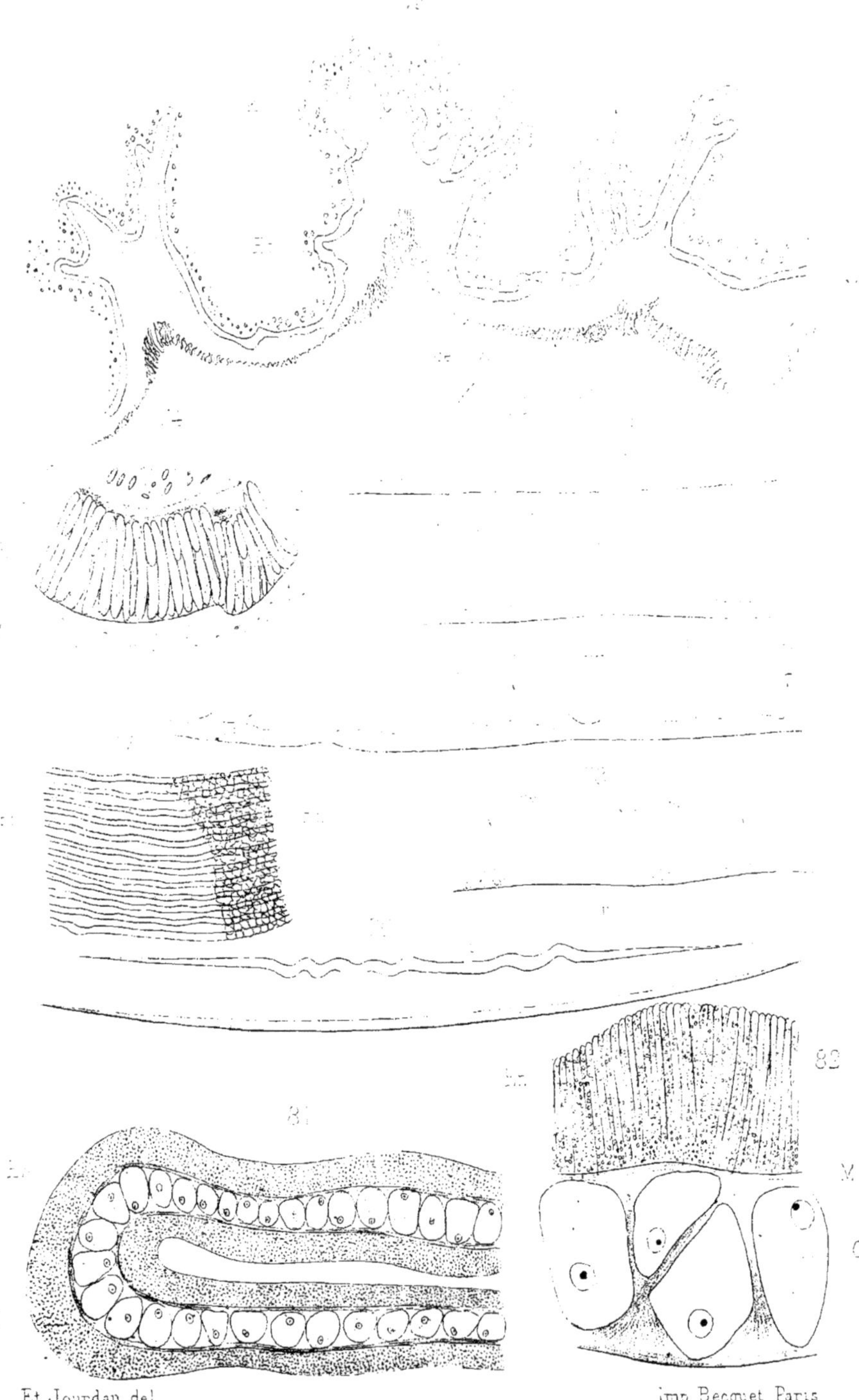

Phellia elongata.

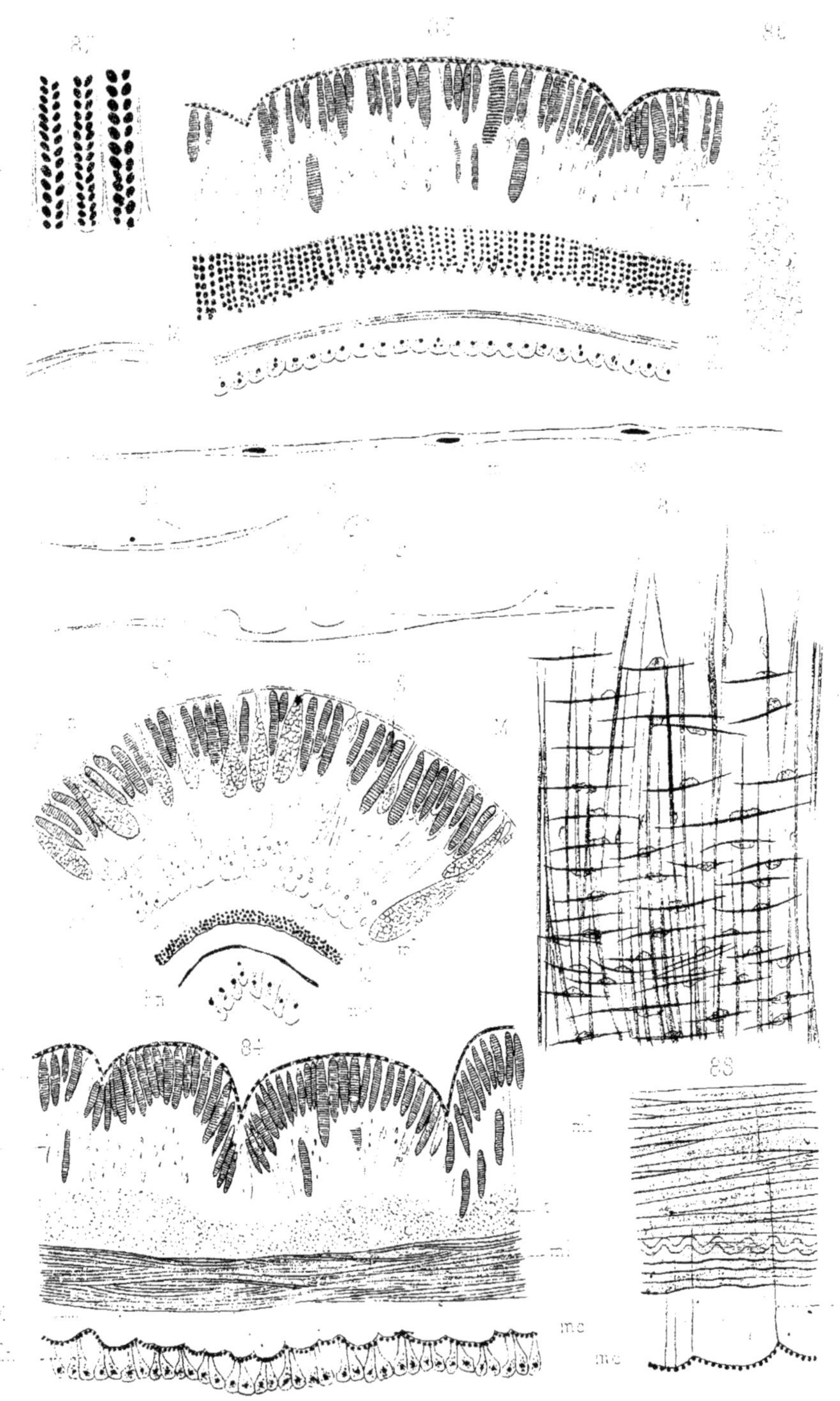

Fr. Jourdan del.

Imp. Becquet Paris.

Cerianthus membranaceus

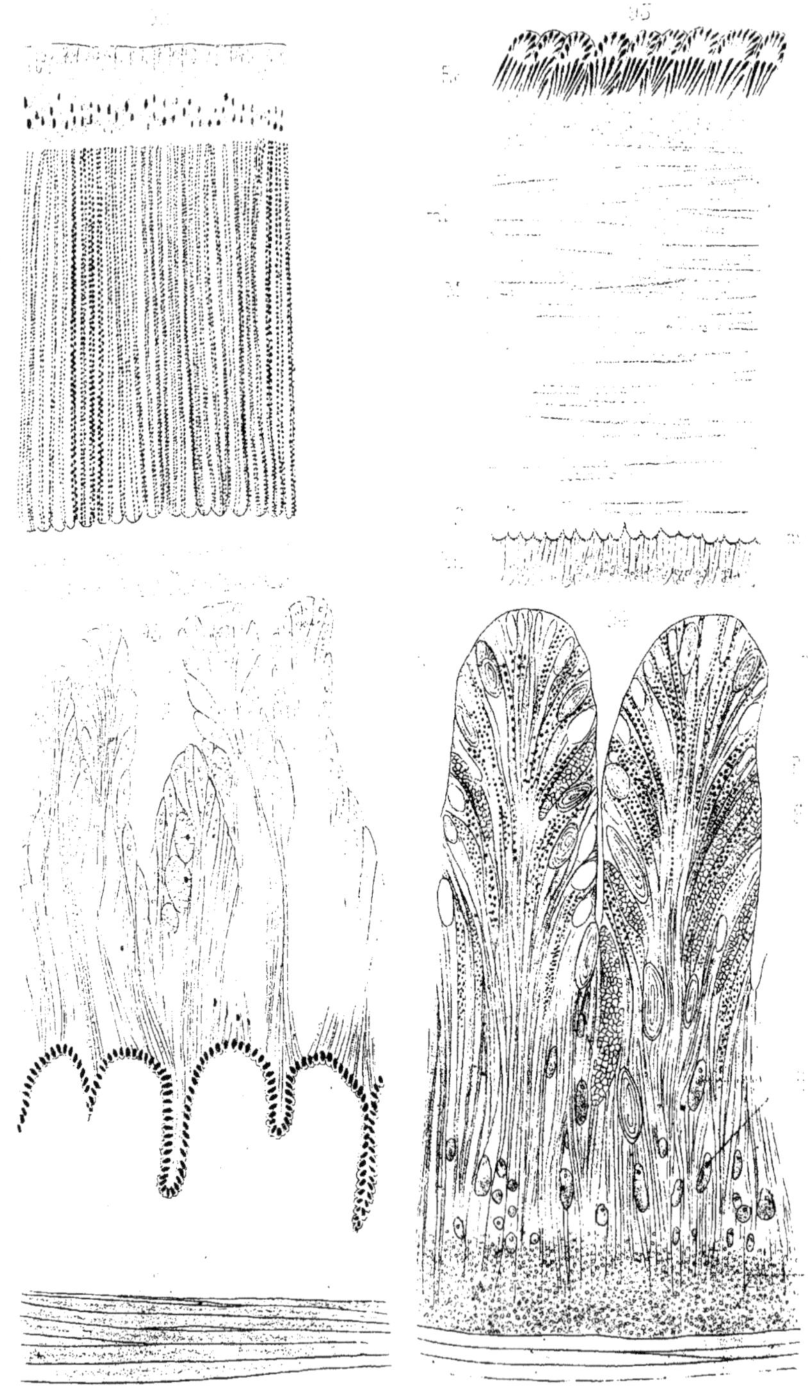

Et. Jourdan del.

Imp. Becquet, Paris.

Cerianthus membranaceus.

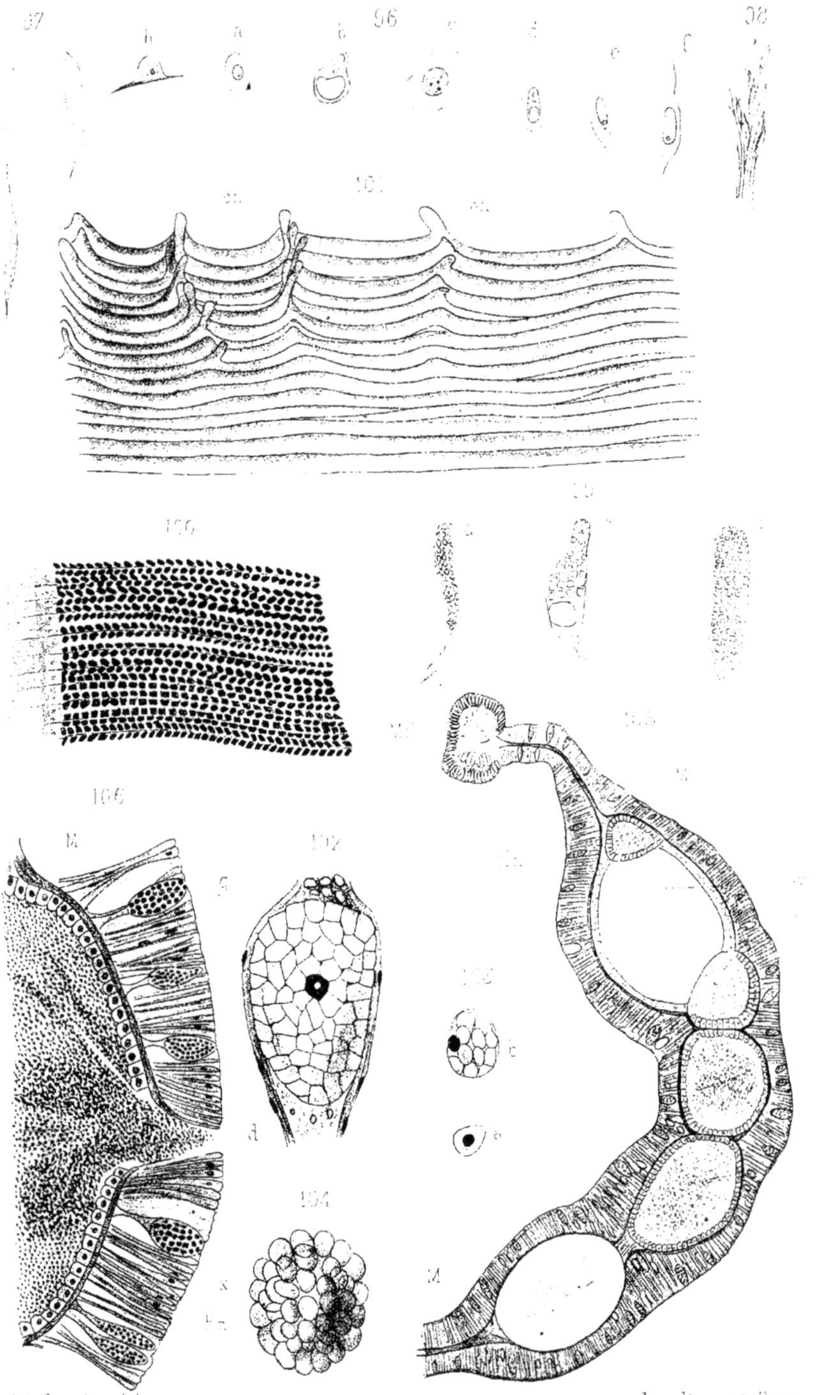

J. Jourdan del. Imp. Becquet, Paris.

Cerianthus membranaceus.

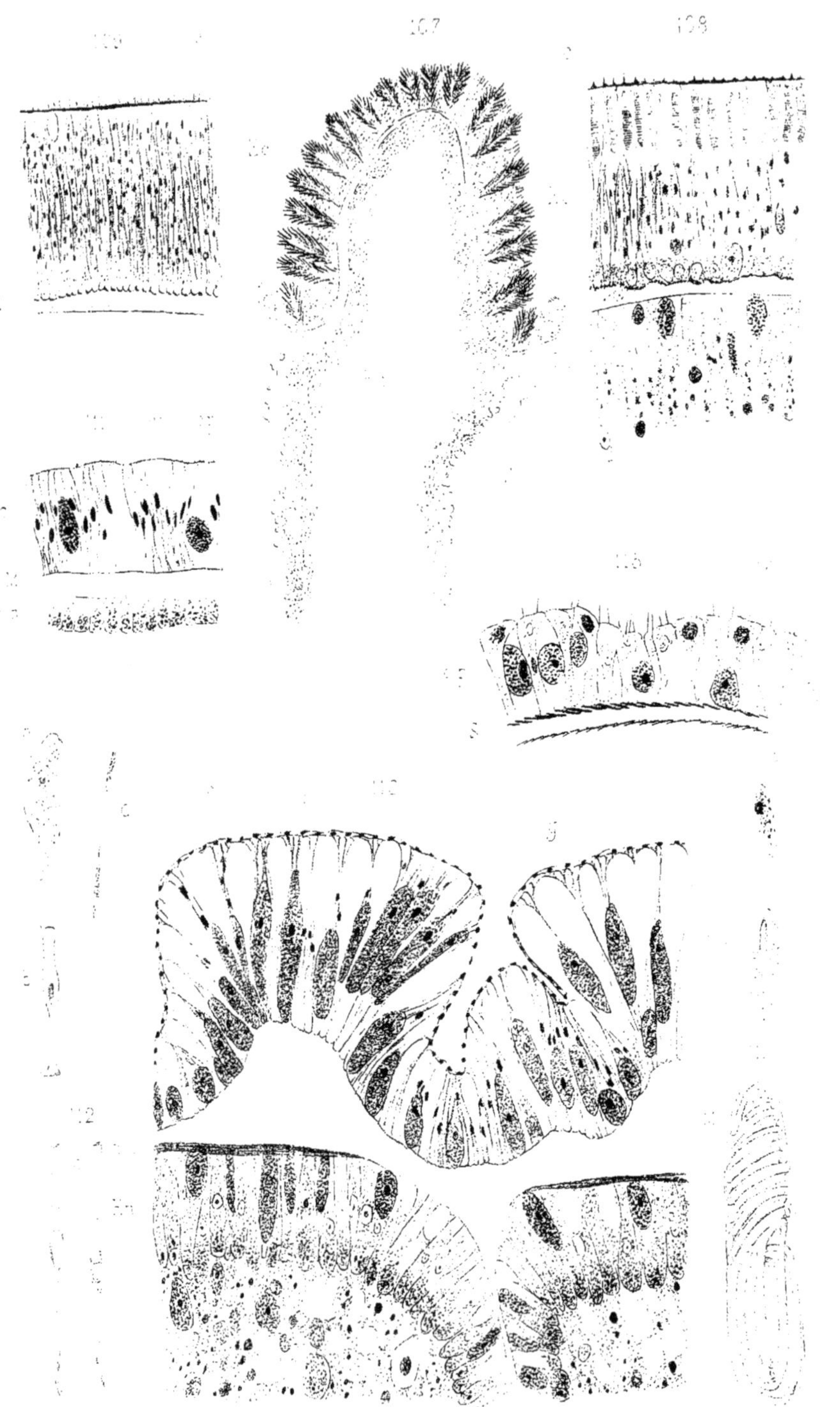

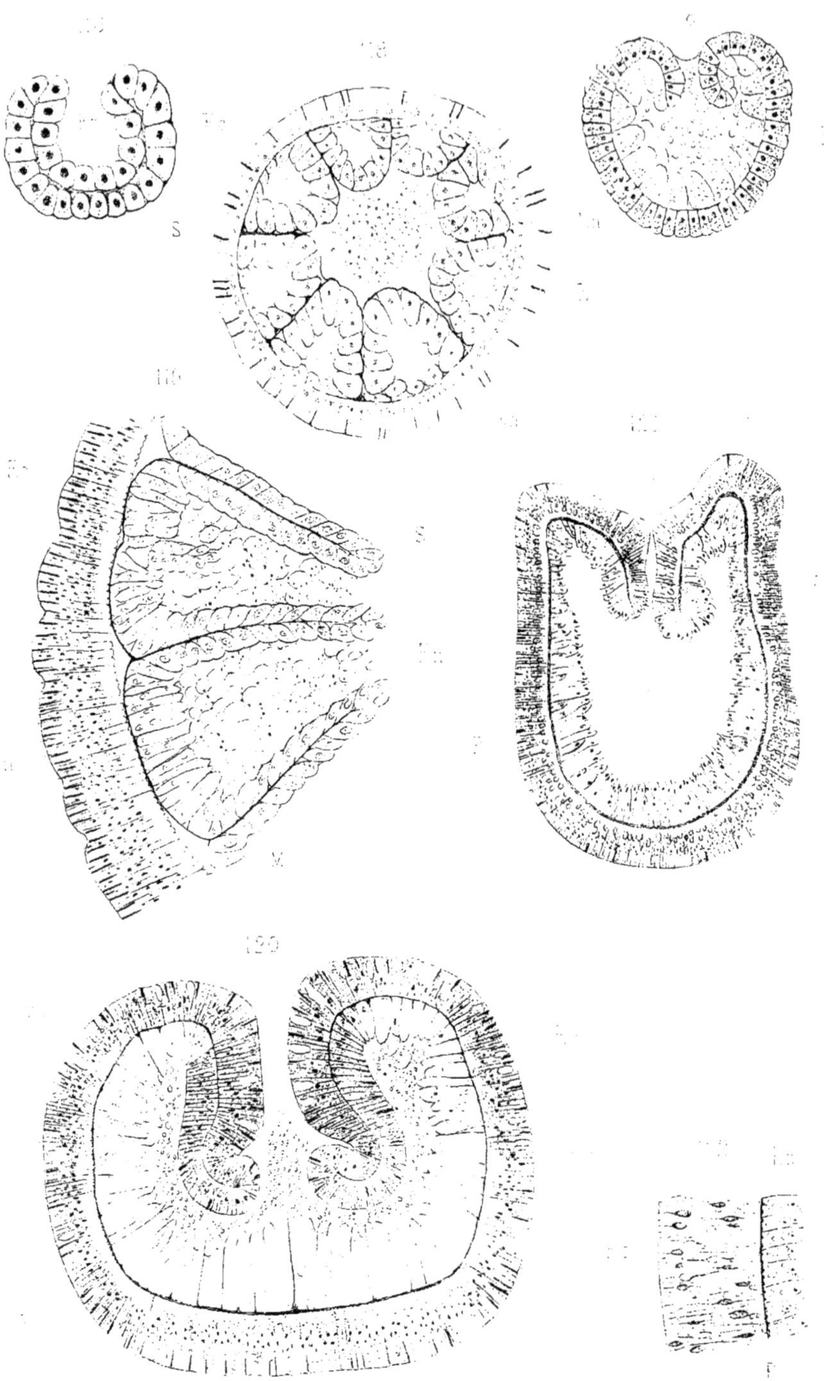
117
S
S
M
120

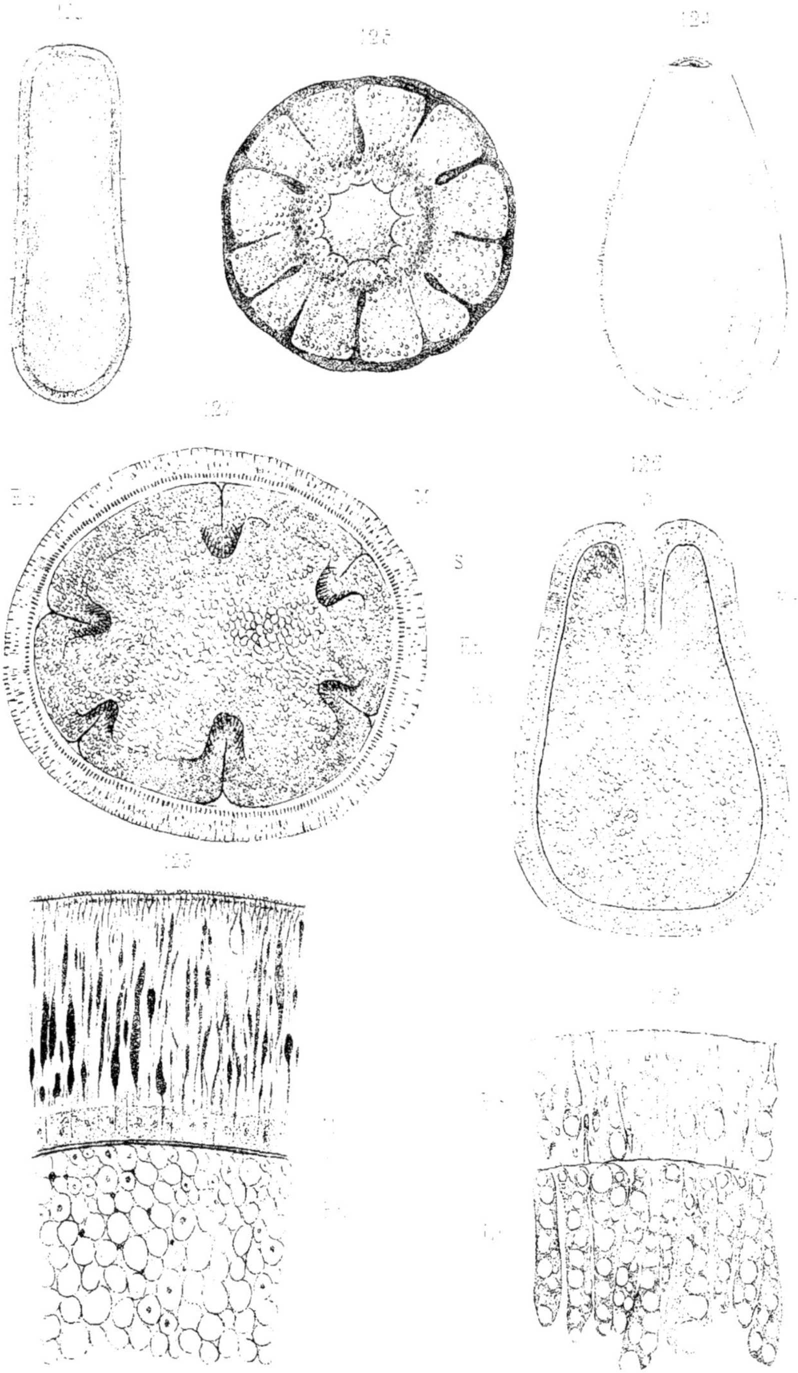

Balanophyllia regia (Embryogénie)

www.ingramcontent.com/pod-product-compliance
Ingram Content Group UK Ltd.
Pitfield, Milton Keynes, MK11 3LW, UK
UKHW020555180726
13838UKWH00001B/251